水体污染控制与治理科技
重大专项的成果可视化与共享技术及其应用

王 维　方 利　屠星月　周 刚　王 标／著

U0243415

中国环境出版集团·北京

图书在版编目（CIP）数据

水体污染控制与治理科技重大专项的成果可视化与共
享技术及其应用 / 王维等著 . -- 北京 ：中国环境出版
集团，2024. 11. -- ISBN 978-7-5111-5978-6

Ⅰ . X52

中国国家版本馆 CIP 数据核字第 2024S8C863 号

责任编辑　曲　婷
封面设计　彭　杉

出版发行　中国环境出版集团
　　　　　（100062　北京市东城区广渠门内大街 16 号）
　　　　　网　　址：http：//www.cesp.com.cn.
　　　　　电子邮箱：bjgl@cesp.com.cn.
　　　　　联系电话：010-67112765（编辑管理部）
　　　　　　　　　　010-67112736（第五分社）
　　　　　发行热线：010-67125803，010-67113405（传真）
印　　刷　北京中科印刷有限公司
经　　销　各地新华书店
版　　次　2024 年 11 月第 1 版
印　　次　2024 年 11 月第 1 次印刷
开　　本　787×1092　1/16
印　　张　12.75
字　　数　250 千字
定　　价　80.00 元

中国环境出版集团郑重承诺：
中国环境出版集团合作的印刷单位、材料单位均具有中国环境标志产品认证。

科技兴则民族兴，科技强则国家强。科技创新是现代化的主要驱动力量，为实现国家科技实力的跃升，推进高水平科技自立自强，就需要创新重大科技研究的组织机制，统筹关键核心技术的攻关。重大科技研究项目往往聚焦国家重大战略任务和关键技术瓶颈，贯穿基础研究、技术创新、成果转化、应用示范等多个环节，涵盖系统化的知识和技术，对提升国家战略科技竞争力，带动社会经济发展，具有重要意义。成果管理是重大科技项目中至关重要的一环，不仅影响到研究的可持续性，还直接关系到科研资源的合理利用和科研成果的落地转化。然而，大型科研项目具有规模大、周期长、跨越多个学科、科研成果体系复杂的特点，且涉及科研机构、高校、企业等不同领域不同行业，在科研成果集成、共享以及宣传推广上，都面临巨大挑战，有必要开展系统化、信息化、共享化的管理。

水体污染控制与治理国家科技重大专项（以下简称水专项），是"十一五"《国家中长期科学和技术发展规划纲要（2006—2020年）》设立的十六个重大科技专项之一，是我国第一个系统解决环境问题的重大科技工程和民生工程。水专项由各领域500余家单位联合攻关，研发了工业废水、城市污水和农业面源污染控制以及饮用水安全保障系列关键技术，建立了适合我国国情和经济可行的水污染控制、饮用水安全保障和水环境管理技术体系，积累了丰富多样的科研成果：建成300余项重大工程示范和20个综合示范区，发布300余项国家和行业标准规范，报送500余份重大政策建议与系统解决方案，建成210个国家技术创新平台和野外观测台站，研制了100多项重大技术产品装备。水专项规模庞大、成果丰富、参与单位众多，开启了新型举国体制科学治污的先河，专项的成果信息化集成可为大型科研项目科技成果管理和共享服务提供重要参考。

本书从信息化的视角切入，以水体污染控制与治理科技重大专项成果信息化管理平台为典型案例，分析大型科研项目成果管理和共享服务中的关键环节和技术难点，以水专项科研项目成果采集、整理、组织管理、以及可视化和共享为主线，阐述其涉及的关键技术、框架－流程－功能设计、以及应用情况。全书共分为7个章节，其中第1章简要介绍大型科研成果信息化管理的现状和面临的挑战以及水专项科研成果信息系统建设的背景；第2章概括水专项科技成果信息系统的总体建设思路和技术路线；第3到6章，是对核心技术及其在系统构建中应用的阐释，包括多元非结构化的水专项成果数据采集与整理、基于知识组织体系的水专项成果数据组织与过程管理、基于多维可视化技术的水专项成果展示、基于云服务的水专项成果在线共享四大类主要技术及其应用；第7章总结了水专项成果综合管理与共享服务平台的应用效果，并以此为基础，展望了大型科研项目科技成果可视化与共享技术的应用前景。

本书主要为水体污染控制与治理科技重大专项的"水专项成果综合管理及共享服务平台构建"（2018ZX07701001-006）项目的研究成果，由署名者策划并统稿。除署名者外，各章节具体内容还有4名相关人员参与编写。具体如下：第一章由王维编写；第二章由王维、屠星月编写；第三章由屠星月、王标、陈民编写；第四章由方利、周刚、景宜然编写；第五章由方利、屠星月、张亚青编写；第六章由王维、王标、李飒编写；第七章由王维编写。大型科研项目涉及跨学科、多环节、多单位的系统性协作，其科技成果的信息化、标准化和管理与共享面临一系列挑战和阻碍，本书难免存在不足之处，恳请读者批评指正，我们将在后续工作中不断修正。

CONTENTS 目 录 ━━━

第 1 章

绪　论

科技是第一生产力，创新是第一动力，随着我国科教兴国战略的实施，国家对科研项目的投入日益增加。各类大型科研项目针对某领域重要的技术瓶颈问题，涵盖了更多体系化的基础知识和关键技术，能够产生更多高价值的知识成果，为推动社会经济发展、加强生态环境保护、提升战略竞争力，提供了重要的理论和技术支撑。因此，做好大型科研项目的科技成果管理具有十分重要的意义。然而，此类项目规模大，周期长，科研成果体系复杂，参与单位分散，也为科研项目成果管理和共享带来了巨大挑战[1]。

1.1　大型科研项目科技成果信息化管理现状

1.1.1　我国大型科研项目信息系统建设现状

近年来，我国陆续建设了许多国家级、省市级和单位内部科研项目管理平台，实现了项目申报、评审、汇报、验收的全流程管理。例如，国家科技管理信息系统公共服务平台、国家自然科学基金网络信息系统等为国家级科研项目信息系统，侧重于科技信息发布公示、查询申报、过程组织实施管理，便于管理人员、科研人员全方位掌握科研项目的进度、资源、经费、成果等。其中，国家自然科学基金网络信息系统自 2000 年上线以来，一直辅助科学基金项目的全过程精细化管理，经历了两次升级改造。2022 年，自然科学基金委门户网站共发布科学基金项目指南 26 个，资助 51 877 个项目；年度结题项目 4.03 万项，并对结题报告原文开通查询检索功能。微信公众号共推送图文消息 119 条，阅读量 139.9 万人次，被分享 17.6 万次，相较于 2021 年新增关注人数 5.2 万余人，累计关注用户已超 40.84 万人[2]，为科研项目流程管理提供了重要支持。此外，省市级科研项目信息系统如北京市科技项目统筹管理信息系统、上海市科技管理信息系统等，以及高校、企业科研项目信息化管理平台，如北京大学科研管理综合信息系统等，也为科研项目流程管理提供了重要支撑。

针对科研成果管理和共享的信息化平台则相对较少，此类平台以成果汇交、发布、查询、统计为主要功能，涉及的成果主要涵盖专利技术、计算机软件、植物新品种、新药等，成果的展示形式以分门别类和详情文字介绍为主。国家科技成果信息服务系统以"863 计划"、"973 计划"、国家科技支撑计划等财政科技计划产生的科技成果为重点，结合国家和地方科技奖励成果以及部门、地方或行业协会推荐的科技成果，汇总发布了一批符合产业转型升级方向、先进适用的科技成果，涉及新一代信息、能源、现代农业、高端装备与先进制造等 11 个技术领域，分为"海水淡化与综合利用关键技术和装备""农业废弃物（秸秆、粪便）综合利用技术"等 7 个专题，提供科技成果上传、统计、查询、审核，及相关科技成果动态发布等功能。科技成果信息主要包括成果名称、成果简介、成果来源、成果完成单位、成果完成时间、成果完成人、联系方式、成果类型、成果状态、转化方式、应用行业以及与该项成果有关的专利、标准、软件著作权、植物新品种等关联信息，系统面向社会公众、个人、机构和科技管理人员四类用户提供不同权限等级的服务。北京市科技成果信息系统（http://www.bjcgdj.com）在成果汇交和查询的基础上，还提供成果需求发布的功能，需求方可在平台上发布需求意向、合作周期、资金投入等信息，旨在通过需求导向和市场选择方式，引导企业、地方、社会资本和各类机构参与，推动一批科技成果转化与示范推广，促进科技成果转化为现实生产力。

尽管当前已有不少科研项目管理、成果管理信息系统及平台，并得到了广泛应用，但科技成果的组织管理、可视化展示和在线共享还有待进一步提升。首先，目前已有的科技成果展示平台，通常是以成果为独立单元对其相关信息进行存储和管理，再辅以成果涉及的科技领域或类型进行分类。成果信息多是以文字条目形式进行存储，较少涉及图片、视频、PDF 文件等多源非结构化数据。其次，成果来源项目以及成果应用示范等信息的组织和管理还不完善。最后，主要以文字和表格的形式对成果内容、应用领域等进行介绍。结合多维可视化技术，能够进一步以图表、虚拟现实、地图可视化等多种形式，实现更加丰富生动且多样化的展示效果，促进成果科普和推广应用。

1.1.2　大型科研项目科技成果管理、可视化与共享的技术难点

提升大型科研项目科技成果信息化平台的管理、可视化与共享能力水平，主要存在以下四方面技术难点。下面以水专项科技成果为例进行阐述。

（1）从文本等非结构化成果中抽取元数据信息，形成规范化数据库

水专项科技成果数据类型广泛，包括项目、课题、研究报告、关键技术、关键技术应用案例、技术规范、示范工程、管理平台、野外工作站基地、政策建议、"四新"产品、专利、论文专著、软件著作权、人才培养、软件系统；数据格式多样化，包括文件、图片、视频等，不限于 .xls、.pdf、.doc、.jpg、.png、.mp4 等格式。面对众多非结构化成果提取数据，需要采用自动化、定制化的信息抽取技术。同时为了有效管理，需建立规范统一、有机关联的科技成果数据库，建设成果数据管理工具，提供成果目录管理、数据入库、数据编辑、数据查询、统计等功能，支撑科研成果数据有效管理。

（2）梳理项目－课题组织关系、科技成果产出－应用示范等嵌套关系，形成知识组织体系

成果数据对象类型多样，需要采用合理手段和方法，梳各对象要素之间的因果逻辑关系、上下对应关系。例如，项目与课题之间存在的组织关系，科技成果产出与应用示范之间存在的逻辑关系。明确各对象要素之间的关系，才能建立科学准确的知识组织体系。

（3）面向社会公众的专业性成果信息多维可视化表达

专业成果信息由于其专业性，不利于被公众马上理解，因此需要采用对用户友好的表述形式（如图、表、三维技术等），将成果数据库中的文档、图标、地图、视频、动画、三维等各种类型的科技成果进行表达转换。同时由于成果信息的专业性，通常需要额外的信息辅助公众理解，因此需要对成果信息数据进行联系、快速查询。除了系统平台还应考虑以多种途径将成果信息向公众进行推广，便于用户快捷获取科研成果信息。

（4）海量数据在线共享的技术支撑

科技成果的共享是信息化平台的重要目标，而科技成果的在线共享，需要以弹性化、服务化为目标，提供相应的数据处理、存储、管理技术支撑，进而实现数据双向同步、功能按需定制、系统统一管理和远程维护。其中，如何综合应用物联网、云计算、云服务和相关技术标准支撑弹性化、服务化的在线共享，是亟待解决的问题。

1.2　水专项科技成果信息管理平台建设背景

水体污染控制与治理科技重大专项（以下简称水专项）是《国家中长期科学和技术发展规划纲要（2006—2020年）》围绕国家经济和社会发展战略需求设立的16个重大科技专项之一，旨在解决制约我国经济社会发展的水污染重大科技瓶颈问题，为国家流域水环境综合整治和饮用水安全保障提供技术与经济可行的支撑，促进节能减排，控制水体污染，改善水生态环境，保障饮用水安全，对提高人民生活质量和保持经济社会持续协调发展具有重要意义。水专项牵涉行政、经济、法律、管理、技术等方面，专项研究不是单一产品或单项技术，而是一个浩大、复杂、系统的科技工程。水专项的实施带动了水体污染控制与治理的体制机制创新，全面提升了我国水环境管理水平。

经过10余年的科研攻关，水专项突破了上千项关键技术，完成了技术标准规范300余项，申请国内外专利2 000多项，建设了500多项示范工程及实验点，形成了上百个有关水环境模型开发和应用的成果报告、软件或系统产品，积累了丰富的模型应用案例和数据结果。水专项研发的水生态系统健康评价方法、水生态承载力优化调控、水环境风险预警、大型化工和冶金等行业污水处理、重污染河流黑臭消除与水质改善等一系列技术成果在10个重点流域得到了推广应用。同时，水专项有关研究成果在水环境监控预测、污染负荷削减、湖泊富营养化治理、河流水质改善等方面也发挥了重要作用，带动了太湖、辽河流域的水污染治理和水质改善，为淮河、海河、松花江、滇池、巢湖、洱海等流域的污染治理提供了多项关键技术，为南水北调东中线工程受水区、三峡水库水质安全保障规划的实施提供了技术支持。

这些丰富的科技成果亟待系统化地梳理，用以支撑成果管理、可视化展示与多方共享。为深入贯彻落实国务院重大专项组织实施推进会精神，坚持整改与建立长效机制相结合，创新水专项管理体制机制，加大成果宣传、转化应用力度，水专项组织开展专项成果综合管理及共享服务平台建设工作，对水专项的规范化管理、成果共享及市场推广具有重要意义。

水专项下设湖泊、河流、城市、饮用水、监控预警和经济政策等主题，主题下设项目,项目由若干课题组成。课题是专项管理的基本单元,重点课题(也称为独立课题)参照项目进行管理。在主题、项目和课题层面,又按照不同的流域和区域进行矩阵式的管理。重点围绕"三河(淮河、海河、辽河)、三湖(太湖、滇池、巢湖)、一江(松花江)、一库(三峡水库)"污染防治和重点地区饮用水安全保障部署研究任务,开展技术集成、工程示范和流域综合示范,如表 1.1 所示。

表 1.1 流域重点研究任务、技术示范与主题的关系

重点流域 实施主题	太湖流域	巢湖流域	滇池流域	辽河流域	淮河流域	海河流域	松花江流域	三峡库区
湖泊主题	■	■	■	■	■	■		■
河流主题	■			■	■	■	■	
城市主题	■	■	■	■		■		■
饮用水主题	■			■	■	■	■	■
监控预警主题	■	■	■	■	■	■		■
经济政策主题	■			■				

注:■ 表示某主题下存在某重点任务。

如此庞大且分散的参与单位主体、多层复杂的技术管理体系流程、广泛丰富的研究主题,为水专项科技成果的数据采集、整理、组织管理,以及可视化和共享带来了极大挑战。组织实施技术管理体系流程示意图如图 1.1 所示。

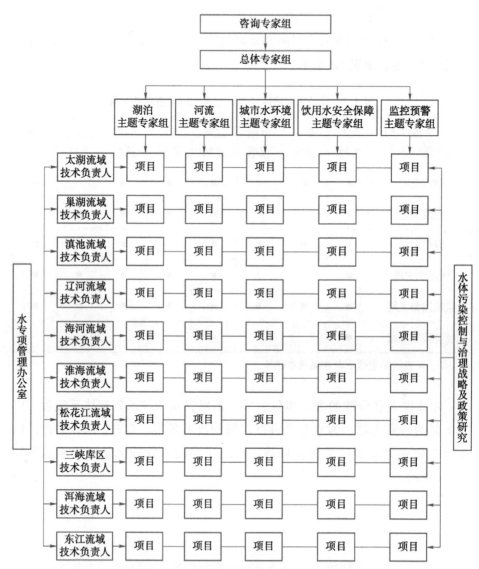

图 1.1　组织实施技术管理体系流程示意图

第 2 章

水专项科技成果信息管理
平台设计策略

　　科技成果信息管理平台的总体设计包括系统架构、技术架构、系统性能以及主要软件开发技术方法等方面，以水专项科技成果信息管理平台为例，平台建设定位为水专项科技成果的管理、传播、应用和转化，用户对象为水专项科研和管理人员、生态环境及相关管理机构、企业和社会公众等不同群体，使不同用户均能轻松浏览和检索到相关科技成果内容；平台的系统架构和技术架构，总体上要满足高可用、高性能和高扩展的需求，聚焦科技成果采集、数据存储、数据融合、科技成果检索、统计、分析、共享、展示等功能，选择合适的技术栈，包括开发框架、数据库系统、前端技术、服务器和存储解决方案等；系统性能和安全性方面，则需要考虑是否需要与其他系统集成，确保数据的交互，同时兼顾使用计算机、平板电脑、手机等不同终端访问平台，并确保数据安全及对知识产权的保护，最终确保建设成为功能完善、用户友好、安全可靠、智能高效的信息化平台。

2.1　建设思路和技术路线

　　水专项科技成果信息管理平台建设总体思路为基于面向服务的 SOA 架构，综合应用 Echarts、Service GIS 等多维可视化、空间化技术，集成水专项成果文档、图表、地图、视频、动画、三维等各种类型科技成果数据，实现水专项成果的多维动态空间化展示，构建水专项成果可视化与共享服务平台，通过直观的界面表达展现各类水专项科技成果，提供资源目录、全文检索、分级分类共享和信息服务功能。总体建设思路如图 2.1 所示。

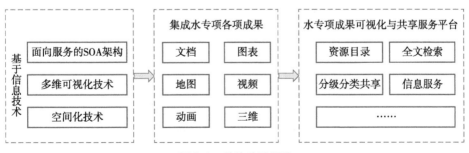

图 2.1　总体建设思路

在收集和系统梳理水专项三个阶段研究成果与资料的基础上，开展统一的数据库设计，按照统一的建库规范开展水专项成果的标准化处理，研究确定水专项成果的汇集机制，建立水专项技术体系、知识产权、示范工程、专利、标准规范、人才团队、模型及案例库等科技成果数据库。对各类成果进行深度整理及信息挖掘，构建以关键技术为核心的科技成果链条、以流域水环境问题为导向的解决方案。基于工作流技术构建水专项综合管理系统及 App，实现水专项成果数据入库、更新、多维度检索、查询统计、示范工程监管等管理功能。基于 SOA 技术架构，综合应用 Echarts、Service GIS 等多维可视化、空间化技术，构建水专项成果可视化及共享服务平台，实现水专项成果的多维动态空间化展示及资源共享，对系统进行测试、部署，实现系统的上线运行。总体技术路线如图 2.2 所示。

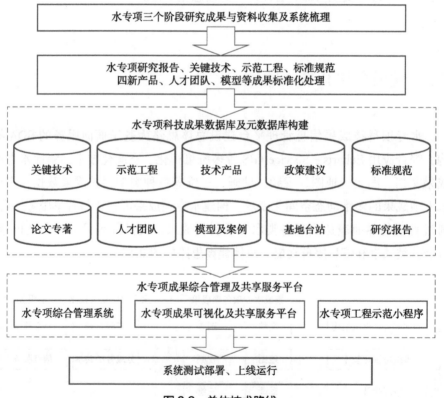

图 2.2　总体技术路线

2.2 系统架构设计

以水专项各项成果数据为基础，以标准、制度和安全体系为保障，以可视化展示、全文检索、统计分析、移动应用为功能核心，形成水专项成果综合管理及共享服务平台。采用虚拟化、弹性化、服务化的设计思想，在总体规划上按照云框架、相关技术标准和安全标准要求，基于独有的柔性架构、功能服务和数据服务分离、数据管理和数据应用分离的架构体系，通过云的纵生、飘移、聚合、重构的运动特性，使得中心节点和不同地方节点都能共享、调用、定制数据服务和功能服务，实现水专项数据双向同步、功能按需定制、系统统一管理和远程维护，支撑各项水专项业务的辅助办理，并且基于这种架构无须快速搭建、按需定制各个系统，提高工作效率，易于远程维护。系统总体架构如图 2.3 所示。

2.2.1 基础设施层

基础设施层主要采用虚拟化和云计算技术，将计算机硬件、软件、存储、网络等资源，整合成虚拟资源池，包括计算资源池、存储资源池、网络资源池、安全资源池，形成动态的、可扩展的各类资源池，包含海量无状态的资源节点，由云计算环境下的管理模块负责管理和维护，用户可根据业务的实际需求合理利用。

2.2.2 数据层

数据层包括数据入库、数据更新、数据查看、数据查询、数据统计等环节，涉及实验室、观测台站、论文专著、软件著作、政策建议、标准规范等数据，这些数据按照不同的类型存储于以下库中。

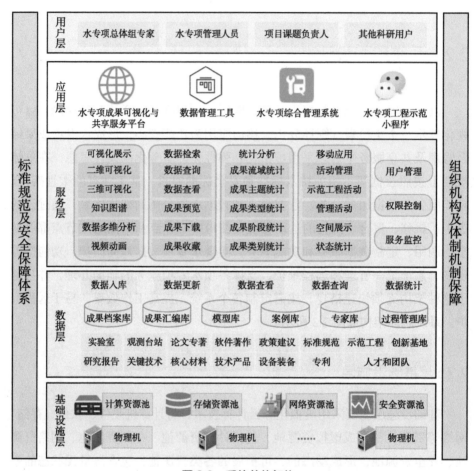

图 2.3　系统总体架构

　　具体包括水专项成果的档案库和汇编库，集成课题成果的模型库、案例库、专家库、过程管理库等。水专项成果档案库，用于存储成果原始数据，包括流域基础数据、课题基本信息数据、模型数据、示范工程、标准规范、软件或系统产品及成果报告等数据；成果汇编库是在成果档案库的基础上，通过数据抽取、集成和整合而形成的。水专项成果汇编数据库，主要面向共享应用，包括课题基本信息、先进技术、关键技术、示范工程、标准规范、技术导则、平台、基地、论文专著、技术联盟、四新产品、专利、软件著作及成果报告等成果的元数据信息；模型库，存储水专项课题成果中涉及的河流、湖泊相关的污染物扩散、运输、消解的流域水环境模型，如 MIKE11、MIKE21、SWMM、QUAL2K、SWAT、EFDC、WASP 等模型。模型库已重点梳理出国际主流成熟模型 62 个，"十一五"水专项模型 129 个，"十二五"水专项模型 110 个；案例库，存储水专项课题中涉及的模型应用案例，包括流域水环境模型开发、应用报告及数据等资料。模型应用主要基于实际地区（流域、河口、河网、管网等场景）的需求，通过机理模型构建，将模型集成至系统、平台等手段，实现模型的开发与应用；专家库，存储水环境治理领域的专家学者；过程管理库，存储管理水专项各课题的工作开展过程及工作报告，实现对工作进展的监控。

2.2.3　服务层

服务层集成了各类面向用户、管理员的功能服务，包括可视化展示、数据检索、统计分析、移动应用、用户管理、权限控制、服务监控等。其中可视化展示服务包括二维可视化、三维可视化、知识图谱、数据多维分析、视频动画；数据检索服务包括数据查询、数据查看、成果预览、成果下载、成果收藏；统计分析服务包括成果流域统计、成果主题统计、成果类型统计、成果阶段统计、成果类别统计；移动应用服务包括活动管理、示范工程活动、管理活动、空间展示、状态统计等。

2.2.4　应用层

应用层是基于平台服务层所提供的各类功能服务、数据服务层所提供的各类数据服务组装而形成的各个系统。包括以下内容：

水专项成果可视化与共享服务平台：包括水专项成果可视化系统和水专项成果共享服务平台。水专项成果可视化系统，综合应用关联图谱、GIS 地图、三维模型、视频动画、统计图表等多种方式以新颖、丰富的手段联动展示水专项各类科技成果，开发内容包括技术创新展示模块、能力创新展示模块、流域水质改善展示模块、空间展示模块、统计分析展示等内容；水专项成果共享服务平台实现汇编成果数据共享，包括数据检索、用户管理、个人中心、在线帮助等模块。

水专项成果数据管理工具：实现对水专项实施以来各阶段课题及成果档案的管理，在对水专项成果进行规范化整理以后，通过该工具实现水专项成果的自动化入库、数据更新、元数据管理、档案管理、高级查询、数据导出和文件留痕管理等功能。

水专项综合管理系统：实现对水专项实施以来各阶段课题及成果档案的管理，以及"十三五"水专项课题实施过程管理。

水专项工程示范小程序：实现对"十三五"项目及独立课题示范工程的管理，支持项目（课题）负责人通过手机端填报示范一线的工作情况以及相关管理部门的对接情况；便于管理部门及时了解项目（课题）实施进展及示范一线的工作情况。实现从项目、课题相关联的多个示范工程的现场进展填报（称为活动）、统计、空间展示等功能。

5个子系统的内外部关系如图2.4所示。

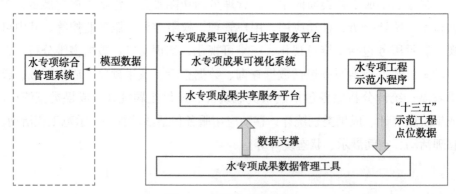

图 2.4　系统间关系分析

水专项成果可视化系统调用外部的水专项综合管理系统提供的模型库数据，并在水专项成果可视化系统中的能力创新模块进行展示；水专项成果数据管理工具可调用水专项工程示范小程序填报的"十三五"示范工程点位数据，并作为"十三五"科技成果数据的一部分在数据管理工具中进行统一管理。水专项成果数据管理工具为水专项成果可视化系统与共享服务平台提供数据支撑，为水专项成果可视化系统与共享服务平台提供水专项科技成果档案数据和汇编数据。

2.2.5　用户层

用户层覆盖了水专项课题的相关工作人员，包括水专项总体组专家、水专项管理人员、项目课题负责人以及其他科研用户。

2.2.6　运维中心（安全保障体系）

在运维层面主要建立统一的运行维护管理系统，对数据资源、系统资源、云租户、配额审批等事项进行管理，其核心内容包括：①数据库的维护，主要通过执行统一的数据库标准，形成标准的数据模型和数据库实例，某一节点的数据库如发生变动，则同步触发关联节点的数据库结构变更程序，实现人工＋自动的数据库维护模式；②应用系统的维护，采用系统程序远程发布、远程部署的方式统一进行，降低系统维护工作量；③建立统一的运维管理系统，实现基本参数、用户、组织机构、权限、数据字典、节点管理等方面的统一配置。

2.3　技术架构设计

遵循"先进成熟、稳定高效、安全可靠"的原则，基于分布式、云计算、大数据等技术建设水专项成果可视化与共享服务平台，实现系统稳定、快速、高效运行。系统技术架构如图 2.5 所示。

2.3.1　基础设施层

基础设施层通过云计算和虚拟化技术，不仅实现服务器、存储、网络、安全等资源的一体化管理，更针对水专项成果统计业务数据的特点和使用需求，实现空间计算资源的管理、申请、审核、监控和弹性调度。用户可以根据需要，申请云端的 GIS 站点服务。

2.3.2　数据层

在数据存储方面，采用大数据统一存储框架，主要基于关系型数据库完成各类数据的高效存储和管理。具体地，针对结构化数据、矢量数据、非结构化数据、缓存数据分别使用 PostgreSql、PostGIS、FastDFS、Redis 数据库工具进行存储。

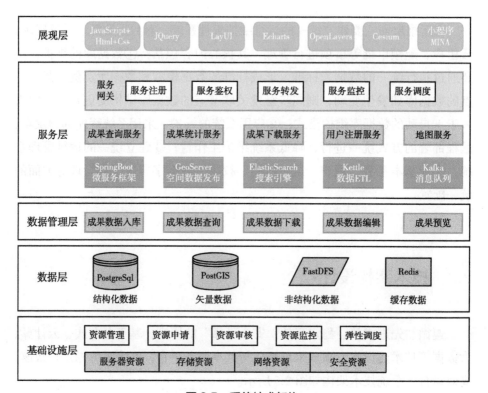

图2.5　系统技术架构

2.3.3　数据管理层

数据管理层主要负责数据的管理和处理，通过 ETL、ElasticSearch/SQL、FTP/HTTP、Hadoop/Python/Airflow、Vue/Echarts 实现成果数据入库、成果数据查询、成果数据下载、成果数据编辑、成果预览等功能。

2.3.4　服务层

服务层是整个水专项成果信息管理平台的核心，负责处理业务逻辑、管理服务、处理数据请求、执行任务调度和提供各种功能性服务。服务层的正常运行依托于 SpringBoot 微服务框架、GeoServer 空间数据发布、ElasticSearch 搜索引擎、Kettle 数据 ETL、Kafka 消息队列等技术组件。

服务层可分为基础设施服务和业务服务。基础设施服务包括服务注册、服务鉴权、服务转发、服务监控、服务调度等；业务服务包括成果查询服务、成果统计服务、成果下载服务、用户注册服务、地图服务等。

2.3.5 展现层

展现层主要提供系统人机交互的页面支持，以 Spring MVC 框架为基础，界面展示和交互操作主要基于 JavaScript、Html、JQuery、LayUI 等技术实现，提供界面端丰富的图表展示和交互体验。

2.4 系统性能设计

2.4.1 系统可扩展性设计

随着大数据、云计算、5G 等新技术的飞速发展，在系统建设过程中，需要考虑系统的自适应、适配性等应具备一定的扩展性。对于技术的可扩展主要是架构、平台框架、代码、功能模块、服务、自定义配置和部署环境等的可扩展。

（1）架构可扩展

基于 Java EE 和 Web 技术以及面向对象设计（Object-Oriented Design，OOD）方法，采用微服务构架，为系统提供可扩展的技术基础和框架。

在应用系统的体系架构设计上，支持 Tomcat、TongWeb、BEA WebLogic 等主流应用中间件产品作为应用服务中间件，构筑基于 Java EE 框架的系统，具有良好的可扩展性。系统可面向所有的外部链接，提供基于 ATMI 的调用接口方式、基于 RMI 的 EJB 调用接口方式，以及基于 XML 和 SOAP 的 Web Service 接口方式，以满足信息实时处理、其他相关的应用及信息服务请求。

（2）平台框架可扩展

平台将数据处理、数据建模、数据检查与入库等通用工具进行封装，工具软件构建人员可使用这些通用软件，根据实际业务需求，对通用软件进行组装和搭配，形成可运行的数据分析处理工具或数据入库工具，从而达到平台可扩展的目的。

（3）代码可扩展

在代码编写时，充分考虑灵活性，以配置为基础，形成多重判断思维，采用面向切面编程（Aspect Oriented Programming，AOP），提高代码的可扩展性。

（4）功能模块可扩展

平台自身制定了一套插件（或服务）标准，当外部需要根据实际需求进行扩展功能时，通过注册符合该接口标准的插件（或服务）即能实现动态加载，以满足新增功能组件的需要。通过注册符合标准的外部插件（处理工具），平台不仅能够集成自己的工具，而且符合工具箱接口规范的任何工具都可以集成到工具箱中。

（5）服务可扩展

本项目采用 XML、数据库配置技术、Web 服务技术和公用 API 接口技术进行系统开发设计，可以将各种功能组件服务化，并通过平台发布成对应的服务，供第三方调用。

（6）自定义配置可扩展

平台将需要进行配置的信息抽取出来，并将这些信息通过可视化的界面进行配置，当发生变更时只需修改对应的配置项即可。

（7）部署环境可扩展

在系统的主机系统上，充分利用云计算的高性能、弹性计算等特性，或者利用物理集群，随时依据业务处理峰值扩展的 CPU、RAM 及存储等资源；在应用服务系统的主机平台上，随着系统的扩展，系统的应用服务器可进行动态扩展，以满足日益扩展的服务和应用请求；在数据库系统上，对并发访问和请求的用户数留有一定余地，确保系统的用户扩展不会影响系统的应用性能。

2.4.2　系统开放性设计

平台发布和管理的服务统一由数据服务接口对外提供共享。数据服务接口遵循 SCA、OGC 的规范和 ArcGIS Server 的数据服务规范，包括以下三种服务接口。

（1）数据服务接口

瓦片数据服务接口遵循 OGC 的 WMTS 规范和 ArcGIS Server 的静态缓存服务规范，为客户端提供瓦片数据的访问功能。瓦片数据是在服务器预先将地图按一定规则切片并按一定规则组织的图片。当客户端进行如缩放、拖动等操作时，客户端首先从缓存中取得所需的图片，并请求相应的图片到缓存，最终在客户端连续无缝地显示这些地图瓦片。

（2）空间数据处理服务接口

空间数据处理服务接口遵循 ArcGIS Server 的服务规范，主要协助应用程序执行各种几何计算，如缓冲区、简化、面积和长度计算以及投影和空间拓扑关系计算。

（3）业务数据处理服务接口

业务数据处理服务接口主要提供针对水专项各项业务数据的查询、统计、比对分析、数据采集、数据转换、数据装载等方面的服务。

2.4.3　系统友好性设计

在符合软件工程设计理念的前提下，优先采用成熟技术，满足系统功能的实用性、用户界面的友好性及用户使用的方便灵活性。系统提供美观实用、友好直观的中文图形化用户管理界面，充分考虑操作者的习惯，方便易学、易于操作，包含全菜单式处理和各种快捷操作。同时各种屏幕格式、报表格式、菜单格式等界面均采用扁平化风格，各种常用操作符合 Windows 操作习惯。对于系统的响应能达到用户可接受的程度；系统运行速度较快，能够达到图件浏览、网络查询等日常工作要求。对于系统的各种响应有统一的风格。

（1）界面友好性设计

系统的界面设计架构良好，将页面内容展示和显示控制分开。用户登录系统后，首先显示的是个人信息中心。同时，系统应提供及时在线联机帮助功能，随时对操作者遇到的疑难问题进行解答。系统支持标准 Windows 风格的并发多任务操作，用户界面支持并发性、多窗口和多任务。注重数据关联的直观表达，系统中的各种数据，无论是基础地理信息数据还是业务资源数据，无论是图形数据还是属性数据，都应有内在逻辑关联。支持各种数据进行相互关联的直观表达，包括显示、查询、统计等。其次，注重图形和表格的优化表达，系统对于各种显示、查询、统计等功能，均应提供严谨详尽的数据表格和直观图形两种方式，并提供这两种表达形式的相互关联。表单完全采用流程化客户界面设计，操作简便直观。数据以导航树的方式便于进行业务数据的组织。

（2）操作友好性设计

随处可见的数据关联，在本系统中对关键数据只要在一处录入即可在多处共享关联，无须多次录入。提供自定义短语功能，输入个人意见文本时可以快速选择输入。集成各种桌面软件组件，如时间选择组件、下拉列表等，操作方便。输入控件的自动聚焦和可用键盘切换输入焦点，页面加载完成后立即自动聚焦（focus）到第一个输入控件，可用 Tab 键或方向键切换聚焦到下一个输入控件。可用 Enter（或 Ctrl+Enter）键提交表单，确保和点击提交按钮的效果是相同的。鼠标动作提示和回应，对用户的鼠标定位操作，当移动到可响应的位置上时，应给予视觉或听觉的提示。在客户端完成输入数据合法性验证，大部分输入数据的合法性检验可以在客户端进行验证，除非验证只能在服务器端完成。根据场景决定在表单和提交后返回界面间是否使用中间过渡界面或系统处理进度提示，例如，在系统服务器响应较慢的情况下访问 GIS 图形页面时，提供等待和进度提示。防止表单重复提交处理，点击提交按钮后做变灰处理，避免在网络响应较慢的情况下用户重复提交同一个表单。可选项和操作步骤尽可能少，根据用户操作习惯安排尽可能少的操作菜单选项，同时要保证尽可能少的操作步骤。

2.4.4　系统稳定性设计

系统性能稳定、可靠，人机界面友好，可操作性强，输入、输出方便，图标生成美观。可采用下列方式保证运行稳定的要求，如图 2.6 所示。

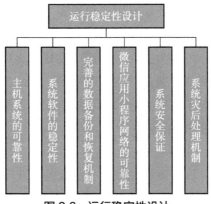

图 2.6 运行稳定性设计

（1）主机系统的可靠性。高可靠性的主机系统可以减少故障率的发生，保证业务的连续性，保障水专项成果可视化与共享服务平台稳定运行。

（2）系统软件的稳定性。除了主机系统外，系统支撑软件也是非常重要的。系统使用当前业界最成熟和稳定的中间件产品进行建设，整个应用架构在此中间件平台上，可以充分保证系统的稳定性。

（3）完善的数据备份和恢复机制。数据是整个应用系统的核心，数据的安全十分重要。本项目实施完备的数据备份策略和恢复机制，充分保障系统数据安全。

（4）微信应用小程序网络的可靠性。网络的可靠性需要网络设备和网络链路两方面的可靠保证。系统中关键的网络链路和网络硬件都使用了集群设备（如集群防火墙和集群交换器）。

（5）系统安全保证。系统的安全性设计给系统的可靠性提供良好的保证。

（6）系统灾后处理机制。水专项成果可视化与共享服务平台均提供系统灾后自动处理机制。系统若出现崩溃会对崩溃前数据及其状态进行自动恢复，保证系统运行安全。

2.4.5 系统安全性设计

通过授权控制等实现授权访问，出现异常情况，有应急解决方案。

（1）存取控制

存取控制实为授权机制，它规定某个范围内的数据，在何种条件下，准许何种操作。对每种数据都要定义用户权限表，只有指定的用户才能进行相应的操作。用户权限是由数据库管理员设定的。

对于数据库的操作可分为拥有、只读、只写、读写、删除等。这种权限通常是在表一级上定义的，通过对数据库视图（View）的授权，也可以对表的列定义访问权限。对于文件系统的存取控制权集，不仅可置于文件中，还可置于与文件树关联的各级目录中。

（2）隔离控制

隔离控制就是将计算机硬件和软件分割成若干互斥部分，每一部分自行执行任务，并与其他部分毫不相关。在本系统中建议将备份服务器、外网的Web信息发布服务器和工作数据库从物理上隔开，通过定期进行数据转移来发布核心数据库中的重要内容。这样可以确保外界无法从物理上接触核心数据库。同时，物理隔离是防止病毒传染的根本措施之一，常见的有物理安全隔离卡、物理隔离网闸、物理隔离集线器等。

（3）口令保护

口令保护对授权用户分配各自的口令。在系统登录模块中加入一个用户口令识别模块，该模块通过对用户口令的识别来确定用户对数据的访问权限，用户一旦进入系统，系统先进行口令识别，对不同权限的用户，确定对数据存取的权限。口令保护的优点在于软件比较简单，缺点是口令本身保密性不强。为了克服口令本身的保密性问题，对口令本身需经过DES加密后再传送。

（4）信息加密

对需要保护的数据首先进行加密，这项工作可以在数据管理软件的内部完成，即对客户端需要读取的数据在服务端先加密再发往客户端，也可以在数据管理软件和通信软件之间加入一个加密软件来完成，即对数据管理软件与通信信道之间流通的信息进行加密。客户端则对授权用户采取相应的解密措施，在客户端软件中实施解密或在通信软件和客户端软件之间加入解密软件。

（5）计算机病毒防杀

计算机病毒包括杀病毒和防病毒。防病毒是主动的，在病毒发作或感染之前进行侦测、消除或隔离，防患于未然，从而可以减少甚至避免灾害的发生。安装防火墙，对软件系统采用隔离控制，是防病毒的有效方法。杀病毒就像治病，是已经被病毒感染以后清除病毒，是被动的。虽然防病毒是更有效的做法，但不可能完全阻止病毒的感染。一旦感染病毒，系统或者数据文件可能立即被损坏，此时，杀毒软件是恢复系统的重要保证手段。

杀毒软件必须适应当前病毒的特点，对新病毒要作出尽可能快的响应，可以针对某一种病毒有杀毒效果，同时对该种病毒起到预防的作用。在企业级应用环境中，杀毒软件还必须具有网络功能，不仅对某台主机，还能够对整个网络上的病毒进行侦测、警报和杀灭。

（6）漏洞扫描与补丁分发技术

漏洞扫描技术是一类重要的网络安全技术。它和防火墙、入侵监测系统互相配合，能够有效提高网络的安全性。通过对网络的扫描，网络管理员能够了解网络的安全设置和运行的应用服务，及时发现安全漏洞，客观评估网络风险等级。网络管理员能根据扫描的结果更正网络安全漏洞和系统中的错误设置，在黑客攻击前进行防范。如果说防火墙和网络监测系统是被动的防御手段，那么安全扫描就是一种主动的防范措施，能有效避免黑客攻击行为，防患于未然。

经过漏洞扫描可以发现系统的安全漏洞，而消除漏洞的根本办法就是安装软件补丁。补丁分发管理越来越成为安全管理的一个重要环节，补丁分发技术通过补丁下载、补丁分析、补丁策略制定、补丁文件分发、客户端补丁检测、补丁安全性测试、补丁分发控制等功能实现对漏洞的修复。

（7）系统安全制度保障

确定安全管理等级和安全管理范围；制定有关网络操作使用规程和人员出入机房管理制度；制定网络系统的维护制度和应急措施等。

（8）隔离直接访问数据

系统采用三层技术体系架构：用户层、业务逻辑层和数据层。这种体系架构隔离了用户对数据的直接访问，由用户向业务逻辑层提出访问请求，由业务逻辑层通过底层数据访问接口访问数据层，数据层返回结果数据，再由业务逻辑层将结果生成页面返回给用户浏览。因此，用户根本无法知道业务逻辑层访问数据库所用的连接信息和数据库结构，无法直接查看数据库存储的数据。

（9）用户身份认证

进行用户身份认证时，用户输入用户名和密码。系统将信息发送到服务器端，服务器通过比对数据库中存储的用户信息，证明用户身份的合法性。然后，系统利用用户信息从用户授权资源表中获取用户访问授权许可。

（10）角色管理

运用角色管理实现应用系统的安全访问管理控制，其特点是通过分配和取消角色来完成用户权限的授予和取消，并且提供了角色分配规则和操作检查规则。系统管理员根据需要定义角色，并把角色与对系统相应的访问权限进行绑定，而用户根据行政手段来指派角色。这样，整个访问控制过程就分为两部分，即访问权限与角色相关联，角色再与用户关联，从而实现了用户与访问权限的逻辑分离。

（11）授权控制

系统提供了授权管理模块，由系统管理员、管理员授权用户访问权限级别，只有被授权者才能正确使用系统中的数据。

系统授权内容包括用户管理、应用、信息、流程、表单、表单项等，权限包括浏览权、使用权、管理维护权。该系统提供对部门、群组、个人以及组织（单位）等多种授权方式。

系统支持纵向功能模块和横向授权对象的组合授权。通过授权控制，下级组织无法管理上级组织机构、资料等安全控制。

2.4.6　数据快速响应性设计

水专项成果可视化与共享服务平台对于系统一般页面的查询操作、浏览操作以及地图放大、缩小、全景响应的响应时间进行严格把控与测试，并且进行完善的设计，以保证系统响应时间达到用户要求。系统一般页面的查询操作、浏览操作以及地图放大、缩小、全景响应的具体响应时间如表 2.1 所示。

表 2.1　系统响应时间

序号	操作内容	响应时间
1	系统一般页面的查询操作	≤2 s/ 次
2	浏览操作	<2 s
3	地图放大、缩小、全景响应	<2 s

（1）数据访问优化

对经常参与查询的参数表或者元数据，缓存到内存，减少数据连接和频繁访问。通过缓存模型，将部分常用数据加载到内存中，可以减少对数据库的访问，从而可以提高访问速度。这在使用地图技术的情况下显得尤为重要，因为该技术涉及 XML 数据的封装与解包，在性能上有所降低，通过缓存模型，可以弥补这部分速度损失。对于系统查询的结果，进行适当的分页显示，这样在查询时每次返回的数据量比较小，避免一次返回大结果集，可以有效提高响应速度与性能；在 SQL 语句使用上，尽量利用数据的索引机制，以及数据库提供的相关优化规则。采用多级细节技术（LOD-Level of Detail）实现地图异步刷新。当数据涉及海量空间数据、影像数据时，结合 LOD 技术，根据当前地图服务请求的坐标范围，实现多级、多层次的地图缓存图片的调用和请求，既实现了在客户机自由漫游地图的功能，同时又达到了客户机异步刷新地图的效果。

（2）柔性扩展设计

赋予查询系统高度的柔性和充分的可扩展性。查询系统可以根据用户的需求不断地完善自身，以提供新的查询功能和增强查询能力。它有两方面的意义：一是当系统运行一段时间后，用户极有可能产生新的查询需求，在良好的数据结构基础上，能够通过对原有系统的适当调整和配置，满足用户新的需求；二是应用系统具备为不同类型的用户提供自己定制各种查询的功能，减少了系统后期的维护工作并降低了维修费用。

2.4.7 操作系统兼容性设计

水专项成果可视化及共享服务平台采用 B/S 结构实现，服务器操作系统兼容 Windows Server 2008 或以上版本；终端用户操作系统兼容 Windows 7 或以上版本；终端用户浏览器兼容 IE 10 或以上版本；水专项成果数据管理工具采用 C/S 结构实现，服务器操作系统兼容 Windows Server 2008 或以上版本；终端用户操作系统兼容 Windows 7 或以上版本；移动端水专项工程示范管理系统通过小程序实现，服务器操作系统兼容 Windows Server 2008 或以上版本；支持安卓、IOS 终端用户操作系统。

2.5 软件开发技术方法

2.5.1 微服务架构技术

本项目建设采用以微服务架构开发 B/S 结构的应用系统。传统的三层（表示层、逻辑层、数据层）架构，将应用程序打包成一个 war 包，部署在一台服务器上，整个系统的并发能力不足。并且随着代码量的增大，模块间依赖关系更加错综复杂，导致代码的可读性、可维护性和可扩展性越来越差，无法很好适应频繁变动的需求。

相对于单体架构（三层架构）来说，微服务架构具有分布式、服务化、松耦合、易扩展、独立部署等特点，更适合开发高并发、分布式的系统，已经成为当下最热门的 IT 开发架构。当垂直应用越来越多，应用之间的交互不可避免，所以需要将核心业务抽取出来，作为独立的服务，逐渐形成稳定的服务中心，从而使前端应用能更快速地响应多变的业务需求。微服务架构的核心在于围绕着业务领域组件来创建应用，使应用可以独立地进行开发、管理和加速。

采用微服务架构，根据具体应用场景构造适合的服务化体系，系统中的各个微服务仅关注于完成一项任务并可被独立分布式部署，从而降低系统的复杂度和耦合度，提升组件的内聚性、敏捷性，极大地提升服务的响应效率和能力，使得系统能够以较低的成本继续保持高可用性，如图 2.7 所示。

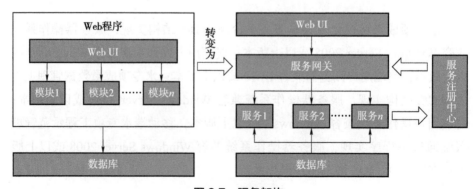

图 2.7 服务架构

微服务开发采用 RESTFull 架构风格，通过 HTTP 进行通信，支持查询、更新、添加、删除等标准操作，数据格式一般为 JSON，服务调用更加轻量、简单、高效。

开发过程中主要使用 Spring Boot、Spring Cloud 技术。其中 Spring Boot 是由 Pivotal 团队提供的全新框架，其设计目的是简化新 Spring 应用的初始搭建以及开发过程。该框架使用了特定的方式来进行配置，从而使开发人员不再需要定义样板化的配置。

Spring Cloud 是一系列框架的有序集合。它利用 Spring Boot 的开发便利性巧妙地简化了分布式系统基础设施的开发，如服务发现注册、配置中心、消息总线、负载均衡、断路器、数据监控等，都可以用 Spring Boot 的开发风格做到一键启动和部署。Spring Cloud 主要包括以下组件：

（1）Spring Cloud Config：配置管理开发工具包，可以将配置放到远程服务器，目前支持本地存储、Git 以及 Subversion。

（2）Spring Cloud Bus：事件、消息总线，用于在集群（如配置变化事件）中传播状态变化，可与 Spring Cloud Config 联合实现热部署。

（3）Spring Cloud Netflix：针对多种 Netflix 组件提供的开发工具包，其中包括 Eureka、Hystrix、Zuul、Archaius 等。

（4）Netflix Eureka：服务注册和发现组件。一项基于 REST 的服务，用于定位服务，以实现云端的负载均衡和中间层服务器的故障转移。

（5）Netflix Hystrix：容错管理工具，旨在通过控制服务和第三方库的节点，从而对延迟和故障提供更强大的容错能力，防止发生雪崩效应。另外，Hystrix 能够起到服务限流和服务降级的作用。

（6）Netflix Zuul：智能路由和服务网关组件。提供动态路由、监控、弹性、安全等的网关功能。

（7）Ribbon：负载均衡组件。

（8）Feign：声明式远程调用组件。

（9）Spring Cloud Sleuth：分布式链路追踪组件，封装了 Dapper、Zipkin 和 Kibina 等组件，可以实时监控服务的链路调用情况。

（10）Spring Cloud Security：安全工具包，为应用程序添加安全控制，主要是指 OAuth2。

（11）Spring Cloud Stream：数据流操作组件，可以封装 Redis、RabbitMQ、

Kafka 等组件，实现发送和接收消息等。

（12）Spring Cloud Task：该组件基于 Spring Task 提供了任务调度和任务管理的功能。

在水专项共享服务平台软件中，采用了 Spring Cloud 微服务整体框架，在 Spring Cloud Config 配置管理开发工具包，将水专项共享服务平台软件支撑的运维系统、注册中心、网关代理以及服务平台配置以本地配置方式进行统一管理；采用 Netflix Eureka 注册中心统一管理共享服务平台的数据检索微服务、数据统计微服务、运维微服务、可视化查询微服务和监控等微服务运行状况；采用 Netflix Zuul 为共享服务平台提供了统一入口，Zuul 将外部和内部隔离开，保障微服务安全性；采用 Feign 实现了共享服务与运维服务不同微服务内部接口以及可视化服务与共享服务内部接口直接的调用，同时 Feign 集成 Ribbon 实现了客户端负载均衡。

2.5.2　Docker 容器技术

在微服务架构下，系统将单体程序拆成了多个独立部署的程序，而在同一台机器上部署多个同构甚至异构应用是非常困难的，不同的应用依赖的底层库有可能相互冲突。基于 Docker 的资源隔离特性，可以帮助消除这个弊端，把主机的每个角落的计算资源利用起来，提高 5~10 倍的计算资源利用率。同时，Docker 隔离了应用对环境的要求，从而保证开发、测试、生产环境的一致性，实现云模式下的快速交付。

Docker 是一个开源的应用容器引擎，让开发者可以将其应用以及依赖包打包到一个可移植的容器中，然后发布到任何流行的 Linux 机器上，可以实现虚拟化，容器完全使用沙箱机制，相互之间不会有任何接口。Docker 使用 C/S 架构，Client 通过接口与 Server 进程通信实现容器的构建、运行和发布。Docker 的主要优点如下。

（1）简化程序

Docker 可以让开发者将其应用以及依赖包打包到一个可移植的容器中，然后发布到任何流行的 Linux 机器上，实现虚拟化。Docker 改变了虚拟化的方式，使开发者可以直接将其成果放入 Docker 中进行管理。方便、快捷成为 Docker 的最大优势，过去需要用数天乃至数周才能完成的任务，在 Docker 容器的处理下，只需要数秒就能完成。

（2）快速部署

Docker 可以简化部署多种应用实例工作，如 Web 应用、后台应用、数据库应用、大数据应用（Hadoop 集群）、消息队列等，都可以打包成一个镜像部署。

（3）节省成本

随着云计算时代的到来，开发者不必为了追求效果而配置高额的硬件，Docker 改变了高性能必然高价格的思维定式。Docker 与云的结合，让云空间得到更充分的利用，不仅解决了硬件管理的问题，也改变了虚拟化的方式。

在水专项成果共享服务平台和水专项成果可视化系统中，将运维应用 jar 包、共享服务平台后台应用 jar 包、可视化系统后台应用 jar 包、文件服务后台应用 jar 包、地图应用 GeoServer 服务应用、Redis 数据库应用、共享服务前台 Nginx 代理应用、可视化前台 Nginx 代理应用创建不同的 Docker 镜像，利用 Docker 容器统一管理，Docker 里面包含所有运行环境和配置，通过更新 Docker 镜像进行版本的更新。

第 3 章

多元异构科技成果数据采集与整理

数据采集与整理是科研管理和知识服务的重要组成部分，科研项目往往涉及多个学科和领域，产出的科技成果往往具有表现形式多样、异构性特征显著以及数据分散、数据冗余、数据庞大等特征。例如，水专项科技成果分布在不同的数据库、期刊、专利、技术报告等多种形式的载体中，由于收集方法、存储方式、传输方式不同，导致数据质量参差不齐，给数据的提取带来很大困难。不同项目或团队采用的技术方法不同，而且采用了不同的数据格式和标准，存在大量的非结构化数据，给数据采集和整理带来很多不便，需要对数据进行标准化和规范化处理。此外，科技成果还可能存在隐私和安全问题，在数据采集与整理中需要特别关注。为降低数据采集的人力资源和资金成本等，本书采用基于 ETL 的数据采集技术、非结构化成果文件系统存储技术以及其他海量数据存储管理技术，来实现对多元异构科技成果数据的采集、清洗和整理。

3.1　关键技术

3.1.1　基于 ETL 的数据采集技术

使用抽取—转换—加载（Extract-Transform-Load，ETL）技术对水专项成果数据进行采集，随后采取"分布式存储"策略，将数据文件的二进制数据和元数据分开存储，使平台系统保持稳定的性能，以及良好的可扩展性和管理能力[3,4]。

首先使用 ETL 技术从不同的数据源中提取数据，对成果数据进行转换和清洗。ETL 是常见的数据集成过程，包括抽取（Extract）、转换（Transform）和加载（Load）。①抽取：ETL 工具会连接到数据源，识别所需的数据，将数据抽取到特定存储（档案库）中，通常是一个暂时性的数据缓冲区。②转换：对抽取的数据进行清洗、重组、转换和丰富，保证数据的一致性和质量，满足数据存储要求。③加载：将抽取的数据加载到目标数据存储（汇编库）中。在水专项成果数据采集过程中，采用 ETL 技术可实现数据的自动化、定制化采集，提高数据处理效率。ETL 技术流程示意图如图 3.1 所示。

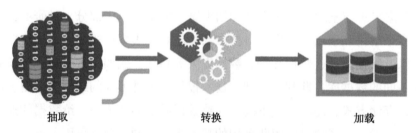

抽取　　　　　　　　　　转换　　　　　　　　　　加载

图3.1　ETL技术流程示意图

在数据采集过程中，采用元数据组织法从文本等非结构化成果中抽取元数据信息（如文件类型、属性、所属课题、上传时间、相关人员等信息）。元数据组织法用于组织管理元数据，以确保元数据的有效使用和管理。元数据组织法主要包括分类和目录化、维护一致性、文档化、元数据版本控制、安全和权限管理。在抽取信息过程中应遵循完整性、唯一性、准确性、一致性、规范性五大数据治理原则，基于实体关系模型（Entity-Relationship model，ER模型）形成规范化数据库[5-8]。

3.1.2　非结构化成果文件系统存储技术

基于 FastDFS 分布式文件系统和"分布式存储"策略将不同类型的非结构化成果存入文件系统的不同目录下，并利用文件标识符技术（规则）对文件进行标识，以便将文件与数据库中的元数据进行关联，由此形成的综合成果库将与汇编库共同支撑后续的可视化与共享服务平台应用[9, 10]。FastDFS是一种轻量级的开源分布式文件系统，主要解决大容量的文件存储和高并发访问的问题，文件存取时实现了负载均衡。FastDFS 支持存储服务器在线扩容，支持相同的文件只保存一份，节约磁盘。相比于集中式存储方式，FastDFS具有线性扩容性高、并发访问性能高、硬件成本较低等特点。FastDFS 和集中存储方式对比如表 3.1 所示。

FastDFS 架构包括 Tracker server 和 Storage server，其服务器上所有文件的索引信息无须存储，所有服务器都是对等的，不存在 Master-Slave 关系，存储服务器采用分组存储的方式，同组内存储服务器上的文件完全相同（RAID 1），不同组的 Storage server 之间不会相互通信，所有 Storage server 主动向 Tracker server 报告自身的状态信息，Tracker server 之间通常不会相互通信。客户端请求 Tracker server 进行文件的上传和下载，通过 Tracker server 调度最终由 Storage server 来完成文件的上传和下载（图 3.2）。Tracker server 的主要作用是实现负载均衡和调度，通过 Tracker server 可以根据一些策略找到相应的 Storage server 为其提供文件上传服务。可以将 Tracker server 称为追踪服务器或调度服务器。Storage server 的主要作用是实现文件存储，在客户端上传的文件最终都会存储在 Storage server 上。Storage server 没有实现自己的文件系统，而是利用操作系统的文件系统来管理文件。可以将 Storage server 称为存储服务器。

表 3.1　FastDFS 和集中存储方式对比

指标	FastDFS	NFS	集中存储设备如 NetApp、NAS
线性扩容性	高	差	差
并发访问性能	高	差	一般
文件访问方式	专有 API	支持 POSIX	支持 POSIX
硬件成本	较低	中等	高
相同内容的文件只保存一份	支持	不支持	不支持

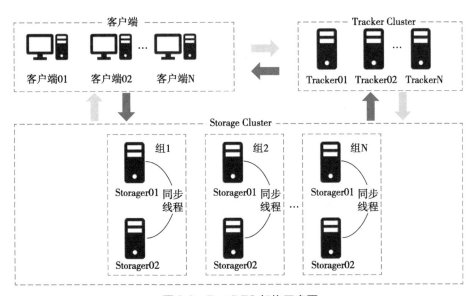

图 3.2　FastDFS 架构示意图

Redis 是一个开源的内存数据库，常用于缓存技术。它支持键值对存储，可以用于存储各种类型的数据，包括字符串、哈希、列表、集合等。Redis 的缓存技术在应用程序中有多种用途，包括提高性能、减轻数据库负载、加速数据访问等。Redis 的特性如下：①内存存储：Redis 是一个基于内存的数据库，数据存储在内存中，因此读取速度非常快。这使得 Redis 成为一个优秀的缓存解决方案，特别适用于需要快速响应时间的场景。②持久化：Redis 支持不同的持久化方式，如 RDB 快照和 AOF 日志。这意味着可以在需要时将内存中的数据持久化到磁盘，以防止数据丢失。③ Redis 可以通过分片或集群模式进行横向扩展，以处理大规模应用程序的缓存需求。这使得 Redis 成为一个强大的分布式缓存解决方案。④多数据类型支持：支持多种数据类型，包括字符串、哈希、列表、集合、有序集合等。开发人员可以根据实际需求选择合适的数据类型来存储和操作数据[11, 12]。

  Redis 缓存模型的基本架构如图 3.3 所示。在客户端发送数据请求时，首先查询 Redis 中是否存在所需数据，若存在直接将所需的数据进行返回；当需要的数据在 Redis 中不存在时，执行数据库查询操作，查询成功后将查询到的数据写入 Redis 缓存中，然后将查询到的数据返回客户端。在水专项成果平台中，通过使用 Redis 技术，可提高数据请求速度，保障平台高效稳定地提供数据请求服务。

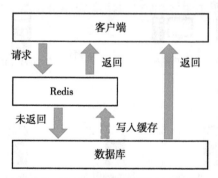

图 3.3　Redis 缓存模型的基本架构

3.1.3　海量数据存储管理技术

（1）数据存储技术

数据存储技术主要涉及分布式文件系统和分布式数据库、数据仓库、非关系型数据库技术。

①分布式文件系统和分布式数据库：本项目可通过构建可扩展的分布式空间数据存储与管理技术，建立分布式空间信息索引与查询技术，构建基于SOA的分布式空间信息服务集群，建立对水专项超大规模时空数据综合集成管理与服务体系，如图3.4、图3.5所示。

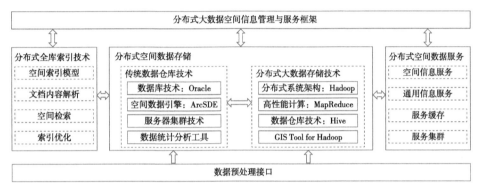

图3.4　分布式大数据空间信息管理与服务框架

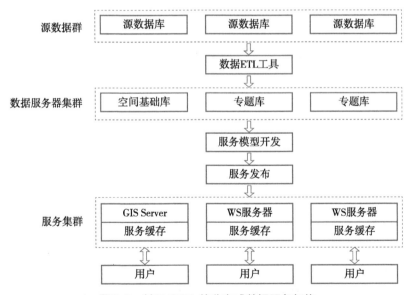

图3.5　基于SOA的分布式数据服务架构

相较一般的数据管理系统，分布式大数据空间信息管理与服务框架以空间数据为主体，综合考虑了传统数据库与大数据技术各自优势和应用场景，形成了综合集成的分布式大数据存储与管理解决方案，采用全库索引技术，打破了单表索引的局限，并基于空间信息的数据服务体系，构建面向多源异构数据的服务接口，通过分布式部署、集群和缓存技术满足大规模用户访问需求。

分布式文件系统和分布式数据库可以将大规模海量数据用文件、数据库表的形式保存在不同的存储节点中，并采用分布式系统进行管理。其技术特点是为了解决复杂问题，将大的任务分解为多个子任务，通过让多个处理器或多个计算机节点参与计算来解决问题。分布式文件系统和分布式数据库能够支持多台主机通过网络同时访问共享文件、结构化数据和存储目录，使多台计算机上的多个用户共享文件和存储资源。分布式文件系统和分布式数据库架构更适用于互联网应用，能够更好地支持海量数据的存储和处理。基于新一代分布式计算的架构很可能成为未来主要的互联网计算架构之一。

基于分布式文件系统和分布式数据库，水专项成果可视化与共享平台可实现高效数据管理，并为下游系统服务提供稳定支撑。分布式存储保障了数据的安全性，进而保证系统的稳定性。

②数据仓库：数据仓库专用设备的兴起，表明面向事务性处理的传统数据库和面向分析的分析型数据库走向分离。数据仓库专用设备，一般会采用软硬一体的方式。这类数据库采用更适于数据查询的技术，以列式存储或MPP（大规模并行处理）技术为代表。数据仓库适用于存储关系复杂的数据模型（如企业核心业务数据），适合进行一致性与事务性要求较高的计算，以及复杂的BI（商业智能）计算。在数据仓库中，经常利用数据温度技术、存储访问技术来提高性能。

③非关系型数据库技术：相较于传统关系型数据库，NoSQL数据库发展的原因是数据作用域发生了改变，不再是整数和浮点等原始的数据类型，数据已经成为一个完整的文件。这对数据库技术提出了新的要求，要求能够对数据库进行高并发读写、高效率存储和访问，要求数据库具有高可扩展性和高可用性，并具有较低成本。NoSQL使得数据库具备了可水平扩展、可分布和开源等特点，为非结构化数据管理提供支持。目前NoSQL数据库技术大多应用于互联网行业。

（2）海量数据管理技术

水专项共享平台中的海量数据管理技术涉及4个方面，如图3.6所示。

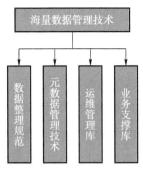

图 3.6 海量数据管理技术

①数据整理规范。为了有效管理海量数据，制定数据整理规范必不可少。具体基于现有数据内容与数据关系，建立统一的数据整理规范，指导数据整理工作开展。

②元数据管理技术。基于元数据管理技术，对各类数据开展结构化操作，便于平台、数据库对数据进行识别、存储、传输和交换，同时便于用户使用、管理各类数据。

③运维管理库。在管理数据过程中，引入运维管理库，设置用户权限、系统功能菜单权限及权限认证。通过运维管理库，可以确保只有经过授权的用户和应用程序才能执行特定的操作和访问特定的资源，确保了系统和数据的安全性、合规性和可用性[13]。

④业务支撑库。建立业务支撑库，管理存储多源业务数据，能够为水专项成果可视化与共享平台的业务流程和业务决策提供支持，包括成果数据查询、成果数据可视化。业务支撑库能够有效提高业务应用效率，同时减少操作性数据库的负担。

水专项共享平台基于数据整理规范和元数据管理技术建立平台基础数据，并引入运维管理库和业务支撑库，实现了平台数据使用的安全性和高效性。

大数据分析的理论核心就是数据挖掘，各种数据挖掘算法基于不同的数据类型和格式，可以更加科学地呈现出数据本身的特点，正是因为这些公认的统计方法使得深入数据内部、挖掘价值成为可能，也是基于这些数据挖掘算法才能更快速地处理大数据。数据挖掘和分析的相关方法包括神经网络方法、遗传算法、决策树方法、粗集方法、覆盖正例排斥反例方法、统计分析方法、模糊集方法等。

内存计算实质上是 CPU 直接从内存而非硬盘上读取数据，并对数据进行计算和分析。此项技术是对传统数据处理方式的一种加速，是实现商务智能中海量数据分析和实时数据分析的关键应用技术。内存计算适用于处理海量的数据，以及需要实时获得结果的数据。内存的读写速度比磁盘要快很多。

流处理是对数据进行实时处理的一种技术。数据的实时处理是一项很有挑战性的工作，数据流本身具有持续达到、速度快且规模巨大等特点，因此通常不会对所有的数据进行永久化存储，而且数据环境不断地变化，系统很难准确掌握整个数据的全貌。由于响应时间的要求，流处理的过程基本在内存中完成，其处理方式更多地依赖于在内存中设计巧妙的概要数据结构，内存容量是限制流处理模型的一个主要瓶颈。比较具有代表性的如 Storm、S4 等。

围绕水专项成果可视化与共享服务平台实际需要，基于分布式存储、利用大数据并行计算方法，对不同来源、不同类型的信息进行数据清洗和数据转换，建立大数据资源池，实现海量空间数据的快速运算，并利用大数据分析、挖掘、检索和可视化等技术，建立相关知识库、模型库，构建资源决策支持应用。

3.2 水专项科技成果数据整理

水专项科技成果种类多，成果形式多样，在对水专项成果数据进行需求分析的基础上，制定水专项成果数据整理方案，对各类成果的电子化、结构化、信息提取、关联构建、元数据提取等数据处理过程进行规范，统一指导和规范化成果数据生产、入库和维护全过程，为形成规范、统一、有机关联的科技成果数据库奠定基础。该方案用于指导数据整理人员对水专项成果档案数据和汇编数据的整理工作，依据课题提交的档案材料和汇编材料，对成果数据进行梳理和整理，形成统一的、标准的成果数据，为实现水专项成果数据的入库、管理和应用奠定基础。数据整理采用元数据组织法从文本等非结构化成果中抽取元数据信息，并遵循数据质量指标体系，包括完整性（Completeness）、唯一性（Uniqueness）、准确性（Accuracy）、一致性

（Consistency）、规范性（Validity）、时效性（Timeliness），形成规范化数据库[14]，见图 3.7。同时采取自动化、定制化的信息抽取技术，提高数据处理效率。本节将对方案主要内容进行阐述。

图 3.7　数据质量指标体系

3.2.1　数据基础

水专项成果综合管理、可视化和共享服务平台的主要数据包括档案数据、汇编数据和空间数据。

（1）档案数据

档案为课题组提交的课题成果原始数据，由项目（课题）承担单位按照法人负责制要求负责收集、整理及归档。每个课题包含多种类型的成果，每种类型都包括成果汇编表和成果文件。课题成果数据内容如表 3.2 所示。

表 3.2　课题成果数据内容

序号	成果类型	成果内容
1	课题信息	课题表和课题五千字文件
2	研究报告	研究报告表和对应成果文件
3	关键技术	关键技术表和对应成果文件
4	关键技术应用案例	关键技术应用案例表和对应成果文件

序号	成果类型	成果内容
5	技术规范	技术规范表和对应成果文件
6	示范工程及效益	示范工程及效益表和对应成果文件
7	管理平台	管理平台表和对应成果文件
8	野外工作站基地	野外工作站基地表和对应成果文件
9	政策建议	政策建议表和对应成果文件
10	科研创新	科研创新表和对应成果文件
11	专利	专利表和对应成果文件
12	论文专著	论文专著表和对应成果文件
13	软件著作权	软件著作权表和对应成果文件
14	软件系统	软件系统表和对应成果文件
15	数据库	数据库表和对应成果文件
16	获奖信息	获奖信息表和对应成果文件
17	模型	模型表和对应成果文件
18	监测报告	监测报告表和对应成果文件
19	人才计划	人才计划表
20	人才培养	人才培养表
21	人才培养统计	人才培养统计表和对应成果文件

成果汇编表以表格文件存储，成果文件以文件的形式存储。每类成果汇编表中存在【对应文件名称】字段，用于保存每条记录对应的成果文件名称（不含路径）。若该记录对应多个文件，则用中文分号隔开，如：湖滨退耕区面源污染综合控制工程示范 .docx；湖滨退耕区面源污染综合控制工程示范图 -1 海东片区土地整理阶段 .jpg。

（2）汇编数据

汇编数据是在成果档案数据的基础上，通过抽取、集成和整合形成的，部分由水专项管理办公室（以下简称水专办）发布，部分由项目组采集。档案数据和汇编数据结构类似，集成的数据包括三大技术体系、八大标志性成果、成套技术、关键技术、标准规范、产业化成果等，由标志性成果专家总结水专项三个阶段成果凝练而成。汇编数据内容如表 3.3 所示。

表 3.3　汇编数据内容

序号	成果类型	对应成果内容
1	项目信息	项目汇编清单
2	课题信息	课题汇编清单和课题五千字文件
3	先进技术	先进技术汇编清单和对应成果文件
4	关键技术	关键技术汇编清单和对应成果文件
5	关键技术应用案例	关键技术应用案例汇编清单和对应成果文件
6	技术规范	技术规范汇编清单和对应成果文件
7	示范工程及效益	示范工程及效益汇编清单和对应成果文件
8	管理平台	管理平台汇编清单和对应成果文件
9	野外工作站基地	野外工作站基地汇编清单和对应成果文件
10	专利	专利汇编清单和对应成果文件
11	论文专著	论文专著汇编清单和对应成果文件
12	科研创新	科研创新汇编清单和对应成果文件
13	软件著作权	软件著作权汇编清单和对应成果文件
14	技术联盟	技术联盟汇编清单和对应成果文件
15	政策建议	政策建议汇编清单和对应成果文件

成果汇编清单以表格文件存储，成果文件以文件的形式存储。每类成果汇编表中存在【对应文件名称】字段，用于保存每条记录对应的成果文件名称（不含路径）。若该记录对应多个文件，则用中文分号隔开。

（3）空间数据

空间数据是非结构化数据，包括全国行政区域、流域、水系、监测点、道路、注记等数据，用于成果的空间定位和地图展示。

3.2.2　数据整理原则

采用元数据组织法从文本等非结构化成果中抽取元数据信息，并遵循完整性、一致性和严谨性的原则开展数据治理。

①完整性原则：整理成果中尽可能涵盖课题成果的所有信息，保证成果数据的完整性。

②一致性原则：数据整理的成果要符合数据整理规范，保证整理结果与

规范的一致性，确保元数据与成果文件关系、各成果间关系的一致性。

③严谨性原则：数据整理过程中不得随意修改原文档中的数据内容，保证数据质量。

3.2.3 技术路线

针对水专项成果数据整合与应用的目标，开展准备工作；在开展准备工作的基础上，重点对数据内容、数据关系、数据格式等数据现状进行分析，明确数据采集结构标准，由中国环境科学研究院数据整理作业人员对档案数据和汇编数据进行处理，并按一定的数据组织方式及存储规范进行组织整理，形成最终的整理成果数据。在数据整理过程中，质量控制贯穿始终，主要通过人工检查、自动化检查和人机交互检查保证数据的完整性、一致性和正确性。数据整理技术路线如图3.8所示。

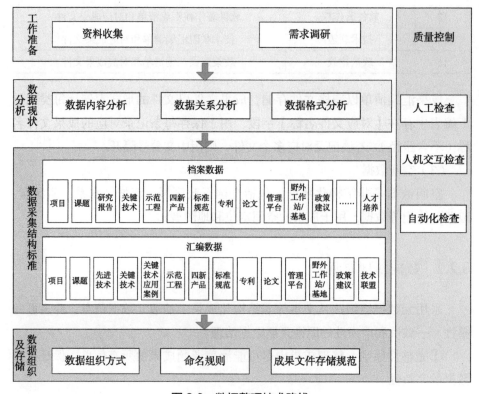

图 3.8　数据整理技术路线

3.2.4　水专项成果数据采集

（1）源数据形式分析

档案数据由各课题组提交，以课题为单位进行管理，主要内容包括主题、项目、课题、研究报告、关键技术、关键技术应用案例、技术规范、示范工程及效益、管理平台、野外工作站基地、政策建议、四新产品、专利、论文专著、软件著作权、人才培养、软件系统、数据库、获奖信息、模型、监测报告、人才培养统计等，共计 22 类成果，数据格式包括文件、图片、视频等，不限于 .xls、.pdf、.doc、.xls、.jpg、.png、.mp4 等格式，如图 3.9 所示。

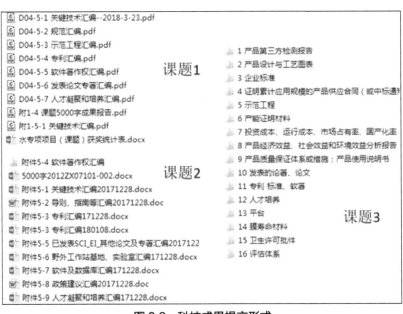

图 3.9　科技成果提交形式

汇编数据的整理要求是以水专办发布的汇编数据为蓝本，围绕汇编数据应用需求，结合课题提交的成果数据，在工作准备阶段对汇编数据进行查缺补漏。水专项成果汇编数据按成果类型进行统一管理，成果类型包括项目信息、课题信息、先进技术、关键技术、关键技术应用案例、技术规范、示范工程及效益、管理平台、野外工作站基地、科研创新、专利、论文专著、软件著作权、政策建议、技术联盟等共 15 类成果汇编清单（或称采集表）及其 14 类成果文件；数据格式包括文件、图片、视频等，不限于 .xls、.pdf、

.doc、.xls、.jpg、.png、.mp4 等格式。

（2）数据采集结构标准示例

由于课题验收时间不一致且缺乏统一的数据汇交规范，导致课题提交的成果形式不一，填报内容以及标准不一致，为建设统一的水专项科技成果数据库，需对各类成果进行采集、整理、补充和完善。因此，设计了各类数据的采集结构标准。部分数据的采集结构如表 3.4～表 3.23 所示。

表 3.4　项目基本信息数据采集结构

序号	字段名称	字段类型	值域	备注
1	项目编号	文本	非空	见本表注 1
2	项目名称	文本		
3	是否为独立课题	整数	非空	见本表注 2
4	项目负责人	文本		
5	项目负责人通信地址	文本		
6	项目负责人邮政编码	文本		
7	项目负责人办公室电话	文本		
8	项目负责人手机号码	文本		
9	项目负责人传真号码	文本		
10	项目负责人电子邮箱	文本		
11	联系人	文本		
12	联系电话	文本		

注：1. 项目编号规则为："ZX"（2 位标识码）+ 主题序号（3 位标识码）+ 序号（2 位标识码），序号不足 2 位的，前边用 0 补全。以下同。

2. 是否为独立课题：新增字段，独立课题为 1，非独立课题为 0。

表 3.5　课题基本信息数据采集结构

序号	字段名称	字段类型	值域	备注
1	课题编号	文本	非空	
2	课题名称	文本	非空	
3	课题承担单位	文本		
4	课题承担单位法定代表人	文本		
5	课题负责人	文本		
6	课题负责人通信地址	文本		
7	课题负责人邮政编码	文本		

序号	字段名称	字段类型	值域	备注
8	课题负责人办公室电话	文本		
9	课题负责人手机号码	文本		
10	课题负责人传真号码	文本		
11	课题负责人电子邮箱	文本		
12	课题起始时间	日期		
13	课题截止时间	日期		
14	联系人	文本		
15	联系电话	文本		
16	课题经费	小数		见本表注 1
17	密级	文本	可空	见本表注 2
18	所属流域	文本	可空	见本表注 3
19	申请验收时间	日期		
20	申请验收地点	文本		
21	申请验收方式	文本		
22	参与单位	文本		
23	成果形式	文本		
24	课题研究背景	文本		
25	课题研究成果	文本		
26	课题成果应用	文本		
27	课题研究重点	文本		
28	课题解决问题	文本		
29	课题解决问题关键词	文本		见本表注 4
30	课题考核指标	文本		
31	课题成果提交文件清单	文本		
32	关键词	文本		
33	对应文件名称	文本		
34	文件公开情况	文本		
35	课题简介			

注：1. 课题经费单位为万元。

2. 密级见字典项。

3. 所属流域见字典项。以下同。

4. 对应文件名称：填写课题对应的五千字汇报文件名（含后缀）。每个课题只对应一个五千字汇报文件。

表 3.6　研究报告数据采集结构标准

序号	字段名称	字段类型	值域	备注
1	研究报告名称	文本	非空	
2	内容简介	文本		
3	编制单位	文本		
4	关键词	文本	非空	
5	备注	文本		
6	对应文件名称	文本		见本表注
注：对应文件名称：填写该记录对应的成果文件名（含后缀），若该记录包含多个文件，则用中文分号将文件名隔开。以下同。				

表 3.7　关键技术数据采集结构标准

序号	字段名称	字段类型	值域	备注
1	技术名称	文本	非空	
2	所属类别	文本	非空	见字典项：大类名称
3	技术类型	文本	非空	见字典项：小类名称
4	流域 / 地区	文本		见本表注
5	技术内容	文本		
6	适用范围	文本		
7	技术基本原理	文本		
8	技术工艺流程	文本		
9	技术依托单位	文本		
10	关键词	文本	非空	
11	技术创新点及主要技术经济指标	文本		
12	启动前后技术就绪度评价等级变化	文本		
13	技术来源及知识产权概况	文本		
14	备注	文本		
15	对应文件名称	文本		
16	文件公开情况	文本		
注：关键技术应用案例表中的所属流域与关键技术表中的所属流域保持一致。				

表 3.8 关键技术应用案例数据采集结构标准

序号	字段名称	字段类型	值域	备注
1	应用案例名称	文本		
2	技术名称	文本	非空	见本表注
3	应用案例介绍	文本		
4	应用案例应用单位	文本		
5	应用案例联系方式	文本		
6	应用案例联系单位	文本		
7	应用案例联系人	文本		
8	应用案例联系人电话	文本		
9	应用案例联系人 E-mail	文本		
10	应用案例地址	文本		
11	关键词	文本		
12	对应文件名称	文本		
13	文件公开情况	文本		
注：技术名称与表 3.7 中技术名称保持一致。				

表 3.9 四新产品采集结构标准

序号	字段名称	字段类型	值域	备注
1	四新产品名称	文本	非空	
2	关键技术 ID	文本		
3	四新产品类型	文本	非空	见本表注
4	适用范围	文本		
5	四新产品简介	文本		
6	关键词	文本		
7	研发单位	文本		
8	运行效果、产值、技术推广应用 / 销售情况	文本		
9	联系人姓名	文本		
10	联系人电话	文本		
11	对应文件名称	文本		
12	文件公开情况	文本		
注：四新产品类型见四新类型字典项。				

表 3.10　标准规范采集结构标准

序号	字段名称	字段类型	值域	备注
1	技术规范名称	文本	非空	
2	关键技术 ID	文本		见本表注 1
3	技术规范类型	文本	非空	见本表注 2
4	编写人	文本		
5	适用范围	文本		
6	颁布状态	文本	非空	见本表注 3
7	颁布编号	文本		见本表注 4
8	申报日期	日期		
9	获批日期	日期		
10	内容简介	文本		
11	发布单位	文本		
12	发布时间	日期		
13	编制单位	文本		
14	关键词	文本	非空	
15	备注	文本		
16	对应文件名称	文本		
17	文件公开情况	文本		

注：1. 关键技术 ID 与表 3.7 中技术名称保持一致，以下同。
　　2. 技术规范类型见字典项。
　　3. 颁布状态见字典项。
　　4. 颁布编号：颁布状态为已颁布时，需填写颁布编号。

表 3.11　专利数据采集结构标准

序号	字段名称	字段类型	值域	备注
1	专利名称	文本	非空	
2	关键技术 ID	文本		
3	专利发明人	文本		
4	主权项			
5	申请人	文本		
6	专利权人	文本		

续表

序号	字段名称	字段类型	值域	备注
7	专利申请号	文本		
8	专利申请日期	日期		
9	专利类型	文本	非空	见本表注 1
10	专利状态	文本	非空	见本表注 2
11	国别	文本		
12	申请或发明人与课题组成员重叠名单	文本		
13	专利摘要	文本		
14	权利要求	文本		
15	授权公告号	文本		
16	授权公告日	日期		见本表注 3
17	专利号	文本		
18	关键词	文本		
19	技术领域	文本		见本表注 4
20	备注	文本		
21	对应文件名称	文本		
22	文件公开情况	文本		

注：1. 专利类型包括发明型、实用新型、其他。
  2. 专利状态分为申请、已受理和已授权、其他。
  3. 当专利状态为已授权时，填写信息。
  4. 技术领域参考技术类型字典项中的大类。

表 3.12　论文专著采集结构标准

序号	字段名称	字段类型	值域	备注
1	文章名称	文本	非空	
2	关键技术 ID	文本		
3	类型	文本	非空	见本表注 1
4	期刊名称 / 出版社	文本		
5	期刊级别	文本		见本表注 2
6	出版年度	日期		见本表注 3

序号	字段名称	字段类型	值域	备注
7	作者	文本		
8	摘要	文本		
9	第一作者单位	文本		
10	关键词	文本		
11	分类号	文本		
12	卷/期/页码	文本		
13	备注	文本		
14	对应文件名称	文本		
15	文件公开情况	文本		

注：1. 见论文专著类型字典项。

　　2. 见期刊级别字典项。

　　3. 发表/出版时间只记录年度，如 2018 年。

表3.13　软件著作权数据采集结构标准

序号	字段名称	字段类型	值域	备注
1	软件名称	文本	非空	
2	关键技术 ID	文本		
3	著作权人	文本		
4	作者单位	文本		
5	开发完成日期	日期		
6	首次发表日期	文本		
7	权利取得方式	文本		见本表注1
8	权利范围	文本		
9	登记号	文本		
10	证书号	文本		
11	软件代码行数	文本		
12	软件简介	文本		
13	备注	文本		
14	状态	文本	可空	见本表注2
15	受理号	文本		见本表注3

序号	字段名称	字段类型	值域	备注
16	流水号	文本		见本表注 3
17	对应文件名称	文本		
18	文件公开情况	文本		

注：1. 权利取得方式见字典项。

2. 状态，新增字段，标记软件著作权登记状态，包括受理中、已登记。当状态为受理中时，填写受理号和流水号；当状态为已登记时，填写登记号和证书号。

3. 新增字段，用于存储在受理状态时的受理号和流水号。

表 3.14 软件系统采集结构标准

序号	字段名称	字段类型	值域	备注
1	软件系统名称	文本	非空	
2	关键技术 ID	文本		
3	系统简介	文本		
4	关键词	文本		
5	软件著作权名称	文本		见本表注 1
6	系统体系结构	文本	非空	见本表注 2
7	系统操作平台	文本		
8	开发语言类型	文本		
9	系统访问网址	文本		见本表注 3
10	研发单位	文本		
11	用户单位	文本		
12	系统维护人姓名	文本		
13	系统维护人联系方式	文本		
14	备注	文本		
15	对应文件名称	文本		

注：1. 对应软件著作权名称与表 3.13 中的软件名称保持一致，软件著作权名称为多个时，用中文分号隔开。

2. 系统体系结构包括：C/S、B/S、移动端、混合。

3. 当系统体系结构为 B/S 时，需填写信息。

表 3.15　数据库数据结构标准

序号	字段名称	字段类型	值域	备注
1	数据库名称	文本	非空	
2	关键技术 ID	文本		
3	数据库内容简介	文本		
4	关键词	文本		
5	对应软件系统名称	文本		
6	数据库类型	文本		见本表注
7	对应文件名称	文本		
注：数据库类型填写数据库软件的型号及版本。				

表 3.16　模型数据采集结构标准

序号	字段名称	字段类型	值域	备注
1	名称	文本	非空	
2	关键技术 ID	文本		
3	模型简介	文本		
4	关键词	文本		
5	适用范围	文本		
6	功能	文本		
7	输入参数	文本		
8	输出参数	文本		
9	软硬件环境	文本		
10	应用情况	文本		
11	研发单位	文本		
12	联系人	文本		
13	联系人电话	文本		
14	对应文件名称	文本		

表 3.17　示范工程及效益采集结构标准

序号	字段名称	字段类型	值域	备注
1	示范工程名称	文本	非空	
2	关键技术 ID	文本		
3	示范工程类型	文本	非空	见本表注 1
4	示范工程承担单位	文本		
5	示范工程地址	文本		见本表注 2
6	示范工程技术简介	文本		
7	示范工程结论	文本		
8	关键词	文本		
9	COD 年削减量	小数		
10	氨氮年削减量	小数		
11	总氮年削减量	小数		见本表注 3
12	总磷年削减量	小数		
13	重金属及有毒有害物质年削减量	小数		
14	年节水量	小数		见本表注 4
15	新增湿地面积	小数		见本表注 5
16	其他描述	文本		见本表注 6
17	示范工程所属流域	文本		见本表注 7
18	示范工程属性	文本		
19	示范工程地方配套单位	文本		
20	示范工程施工河流 / 湖泊名称	文本		
21	示范工程施工河流 / 湖泊支流及下级水体名称	文本		
22	示范工程经纬度	文本		见本表注 8
23	施工省份	文本		
24	施工城市	文本		
25	施工区 / 县	文本		
26	施工乡村	文本		
27	示范工程预期目标	文本		
28	示范工程所用关键技术	文本		见本表注 9

序号	字段名称	字段类型	值域	备注
29	工程规模	文本		
30	建设、施工、运行和管理情况	文本		
31	运行效果与实施成效	文本		
32	组织管理方式和经验	文本		
33	技术推广应用	文本		
34	经济效益	文本		
35	社会效益	文本		
36	综合示范区	文本		
37	对应文件名称	文本		
38	文件公开情况	文本		

注：1. 示范工程类型用户填写，但在数据库管理系统中可对其字典项进行管理。

2. 示范工程地址为所在位置描述，如宜兴市周铁镇中北路南北水产养殖塘位于湖滨公路西侧，中准路与百合路之间的稻麦轮作田旁。

3. 单位为 t/a。

4. 年节水量单位为万 t。

5. 新增湿地面积单位为万 m^2。

6. 其他描述用于环境效益相关内容描述。

7. 监测报告所属流域与对应的示范工程保持一致。

8. 示范工程经纬度可为空，填写规则：对应一个点情况：$x1$，$y1$；对应多点情况：$x1$，$y1$，$x2$，$y2$，…；对应一个面情况：（$x1$，$y1$，$x2$，$y2$，…，$x1$，$y1$）；对应多个面情况：（$x1$，$y1$，$x2$，$y2$，…，$x1$，$y1$）（$x1$，$y1$，$x2$，$y2$，…，$x1$，$y1$）…，其中，$x1$，$y1$ 为单点坐标，括号与逗号均为英文。$x1$ 表示纬度，$y1$ 表示经度。北纬、东经为正数，南纬、西经为负数。$x1$，$y1$ 为数值型，单位为度。例：35.678,124.643 2。

9. 示范工程所用关键技术应与关键技术表中的技术名称字段保持一致。当填写多个技术时，用中文分号隔开。

表 3.18　管理平台采集结构标准

序号	字段名称	字段类型	值域	备注
1	平台名称	文本	非空	
2	流域 / 地区	文本		
3	对应软件著作权名称	文本		见本表注 1

续表

序号	字段名称	字段类型	值域	备注
4	平台功能简介	文本		
5	平台建设单位	文本		
6	平台用户单位	文本		
7	平台建成时间	日期		
8	平台运行效果	文本		
9	平台业务化运行时间	小数		见本表注 2
10	平台访问网址	文本		
11	用户注册数	整数		见本表注 3
12	平台访问量	整数		见本表注 4
13	资源下载量	整数		见本表注 5
14	联系人姓名	文本		
15	联系人电话	小数		
16	关键词	文本		
17	对应文件名称	文本		
18	文件公开情况	文本		

注：1. 对应软件著作权名称与表 3.13 中的软件名称保持一致，软件名称为多个时，用中文分号隔开。

2. 平台业务化运行时间单位为月。

3. 用户注册数单位为个。

4. 平台访问量单位为人次。

5. 资源下载量单位为次。

表 3.19 野外工作站基地采集结构标准

序号	字段名称	字段类型	值域	备注
1	名称	文本	非空	
2	流域／地区	文本		
3	简介	文本		
4	关键词	文本		
5	地址	文本		见本表注 1

续表

序号	字段名称	字段类型	值域	备注
6	经纬度	文本		见本表注2
7	规模	文本		
8	建设单位	文本		
9	建设时间			
10	贡献	文本		
11	对应文件名称	文本		
12	文件公开情况	文本		

注：1.地址为所在位置描述，如浙江大学。

2.经纬度填写规则：对应一个点情况：$x1$，$y1$；对应多点情况：$x1$，$y1$，$x2$，$y2$，…；对应一个面情况：（$x1$，$y1$，$x2$，$y2$，…，$x1$，$y1$）；对应多个面情况：（$x1$，$y1$，$x2$，$y2$，…，$x1$，$y1$）（$x1$，$y1$，$x2$，$y2$，…，$x1$，$y1$）…，其中，$x1$，$y1$ 为单点坐标，括号与逗号均为英文格式。

表3.20　监测报告数据采集结构标准

序号	字段名称	字段类型	值域	备注
1	监测报告名称	文本	非空	
2	对应示范工程名称	文本	非空	
3	监测目的	文本		
4	监测分析方法	文本		
5	监测地点	文本		
6	监测结论	文本		
7	监测类别	文本		
8	委托单位	文本		
9	样品类别	文本		
10	采样单位	文本		
11	监测时间	文本		
12	采样时间	文本		
13	监测内容	文本		

续表

序号	字段名称	字段类型	值域	备注
14	监测依据	文本		
15	监测指标	文本		
16	采样方式	文本		见本表注
17	备注	文本		
18	对应文件名称	文本		
注：采样方式见字典项。				

表 3.21　政策建议数据采集结构标准

序号	字段名称	字段类型	值域	备注
1	名称	文本	非空	
2	摘要	文本		
3	关键词	文本		
4	编制单位	文本		
5	报送时间	日期		
6	采纳应用情况	文本		
7	对应文件名称	文本		
8	文件公开情况	文本		

表 3.22　人才计划数据采集结构标准

序号	字段名称	字段类型	值域	备注
1	姓名	文本	非空	
2	人才简介	文本		
3	人才所属单位	文本		
4	人才类型	文本		
5	获得称号时间	日期		
6	学位类型	文本		见本表注 1

续表

序号	字段名称	字段类型	值域	备注
7	专业方向	文本		
8	性别	文本		见本表注2
9	出生年月	文本		见本表注3

注：1. 学位类型包括学士、硕士、博士、博士后及其他。若"人才类型"中有赋值，则"学位类型"可空。

2. 填写男或女。

3. 填写格式为 YYYY 年、YYYY 年 MM 月或 YYYY 年 MM 月 DD 日。

表 3.23　人才培养数据采集结构标准

序号	字段名称	字段类型	值域	备注
1	姓名	文本	非空	
2	培养单位	文本		
3	学位类型	文本		见本表注
4	培养开始时间	日期		
5	培养结束时间	日期		
6	专业方向	文本		
7	毕业时间	日期		
8	论文题目	文本		
9	备注	文本		

注：学位类型包括学士、硕士、博士、博士后及其他。若"人才类型"中有赋值，则"学位类型"可空。

3.2.5　水专项成果数据组织方式及命名规则

水专项成果数据主要包括档案数据和汇编数据。

（1）档案数据组织方式及命名规则

档案数据按"【主题文件夹】—【项目文件夹 & 项目表】—【课题文件夹】—【成果采集表 & 成果文件夹】—【成果文件】"分级组织存放，如图 3.10 所示。

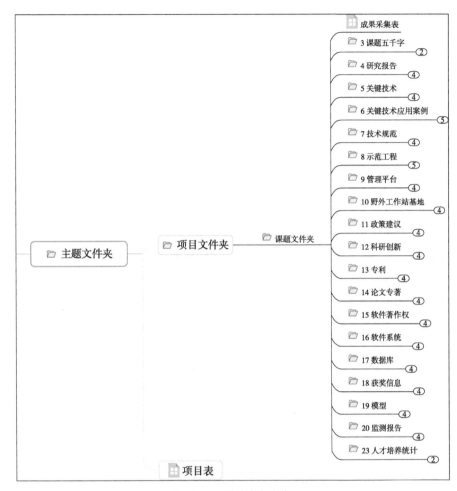

图 3.10　档案数据组织

档案数据组织结构及命名规则如下：

【主题文件夹】命名为"主题名称"，具体见"主题字典项·主题名称"。每个主题文件夹下包括多个项目文件夹和一个项目表。

【项目文件夹】命名为"项目编号"。每个项目文件夹下包括多个课题文件夹。

【项目表】格式为 Excel 文件，命名为"2 项目表 .xlsx"，采集内容见3.2.4 节。

【课题文件夹】命名为"课题编号"，每个课题文件夹下包括成果采集表和各成果类型文件夹。

【成果采集表】格式为 Excel 文件，命名为"SZX_DAK_KTCJB.xlsx"，包括 20 个 Sheet 页，每个 Sheet 页采集一类成果，详细内容见 3.2.4 节，具体名称及内容如表 3.6～表 3.23 所示。

各成果类型文件夹命名为"序号＋空格（1 个）＋成果文件类型名称"，用于存储成果文件，具体成果文件存储详见图 3.10。成果类型文件夹共包括 19 个文件夹，分别为 3 课题五千字、4 研究报告、5 关键技术、6 关键技术应用案例、7 技术规范、8 示范工程、9 管理平台、10 野外工作站基地、11 政策建议、12 科研创新、13 专利、14 论文专著、15 软件著作权、16 软件系统、17 数据库、18 获奖信息、19 模型、20 监测报告、23 人才培养统计。

（2）汇编数据组织方式及命名规则

汇编数据按"【汇编数据文件夹】—【成果类型文件夹 & 项目表】—【成果文件 & 成果汇编清单】"分级组织存放，如图 3.11 所示。

图 3.11　汇编数据组织

汇编数据组织结构及命名规则如下：

【汇编数据文件夹】命名为"实施阶段＋汇编数据"，实施阶段可为"十一五""十二五""十三五"；在该文件夹下包括"成果类型文件夹"和"项目表"。

【成果类型文件夹】命名为"序号＋空格＋成果类型名称"，用于存储各类成果汇编清单和成果文件。成果类型文件夹共包括 14 个文件夹，分别为 3 课题情况、4 先进技术、5 关键技术、6 关键技术应用案例、7 技术规范、8 示范工程、9 管理平台、10 野外工作站基地、11 专利、12 论文专著、13 四新产品、14 软件著作权、15 技术联盟、16 政策建议。

3.2.6　水专项成果数据检查

为保证入库数据的唯一性、完整性和正确性，在入库前需进行数据检查，主要包括数据完整性检查、元数据检查、文件数据检查。若数据通过检查，则继续入库；若未通过检查，则导出检查结果，根据检查结果重新对数据进行规范化处理。

（1）唯一性检查

为保证数据的唯一性，平台分别针对档案数据和汇编数据设计了唯一性判读规则，具体如表 3.24、表 3.25 所示。

表 3.24　档案数据唯一性判读规则

成果类型	唯一性判断字段	统计量字段
研究报告表	研究报告名称＋所属课题编号	研究报告名称
关键技术表	技术名称＋所属课题编号	技术名称
关键技术应用案例表	应用案例名称＋技术名称＋所属课题编号	应用案例名称＋技术名称
技术规范表	技术规范名称＋所属课题编号	技术规范名称
示范工程及效益表	示范工程名称＋所属课题编号	示范工程名称
管理平台表	平台名称＋所属课题编号	平台名称
野外工作站基地表	名称＋所属课题编号	名称
政策建议表	名称＋所属课题编号	名称
科研创新表	四新名称＋所属课题编号	四新名称
专利表	专利名称＋专利申请号＋授权公告号＋所属课题编号	专利名称＋专利申请号＋授权公告号
论文专著表	论文名称＋作者＋所属课题编号	论文名称＋作者
软件著作权表	软件名称＋所属课题编号	软件名称
软件系统表	软件系统名称＋所属课题编号	软件系统名称
数据库表	数据库名称＋所属课题编号	数据库名称
获奖信息表	获奖名称＋支撑（项目）课题编号＋所属课题编号	获奖名称＋支撑（项目）课题编号
模型表	名称＋所属课题编号	名称
监测报告表	监测报告名称＋对应示范工程名称＋所属课题编号	监测报告名称＋对应示范工程名称
人才培养表	姓名＋论文题目＋所属课题编号	论文题目＋姓名
人才培养统计表	所属课题编号	所属课题编号

表 3.25　汇编数据唯一性判读规则

序号	成果类型	判断重复字段
1	项目信息	项目编号
2	课题信息	课题编号
3	先进技术	技术名称
4	关键技术表	技术名称
5	关键技术应用案例	应用案例名称
6	技术规范	技术规范名称
7	示范工程	示范工程名称
8	管理平台表	平台名称
9	野外工作站基地	名称
10	专利	名称＋授权公告号
11	论文专著	论文名称
12	科研创新	四新名称
13	软件著作权	软件名称
14	技术联盟	名称
15	政策建议	名称

（2）完整性和正确性检查

根据检查内容，制定检查细则，检查细则规定了数据入库的检查项目、检查内容及检查对象，以保证入库数据的正确性和有效性。检查细则如表 3.26 所示。

表 3.26　检查细则

检查分类	检查项目	检查内容	检查对象	检查方式
数据完整性检查	目录及文件规范性	是否符合"数据整理规范"对目录结构和文件命名的要求	所有电子数据	自动
	数据有效性	数据文件能否正常打开	所有电子数据	自动
元数据检查	表格完整性	必选表格是否齐备，是否符合"数据整理规范"要求	所有必选表格	自动
	表格数据结构一致性	表格字段的数量和字段名称、类型是否符合水专项成果数据库要求	所有表格	自动

检查分类	检查项目	检查内容	检查对象	检查方式
元数据检查	表格数据代码一致性	字段值为代码的字段取值是否符合水专项成果数据库要求	包含字段值为代码的表格	自动
	表格数值范围符合性	字段取值是否符合水专项成果数据库要求中规定的值域范围	所有表格	自动
	表格字段必填性	必填字段是否不为空	所有表格	自动
	表间逻辑检查	表间逻辑关联是否正确	所有表格	自动
文件数据检查	文件一致性检查	表格内文件名称与成果文件名称是否一致	所有表格	自动

3.2.7　水专项成果文件存储规范

根据各类型成果特点，采取不同的存储方式。

方式一：对于课题五千字成果文件，成果文件直接放在【课题五千字汇编成果文件】下。

课题五千字汇编成果文件存储规范示例如图 3.12 所示。

图 3.12　课题五千字汇编成果存储规范

说明：课题汇编清单中某课题对应的成果文件直接放在【课题五千字汇编成果文件】下。

方式二：对于先进技术成果文件，在【先进技术成果文件】文件夹下新建文件夹，文件夹名称与"先进技术汇编清单"中"所属类别"字段值一致，然后在【所属类别】文件夹下存放对应的文件。若【先进技术汇编清单】记录与成果文件关系是一对多的情况，则首先在【所属类别】文件夹下新建文件夹，文件夹名称与"先进技术汇编清单"中"技术名称"字段值一致，即文件名为【技术名称】，然后在【技术名称】文件夹下存放对应成果文件。

先进技术成果文件存储规范如图 3.13 所示。

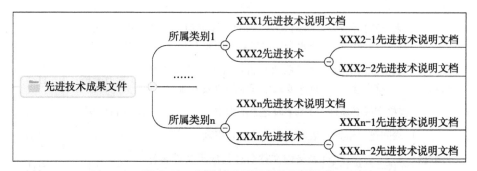

图 3.13　先进技术成果文件存储规范

说明：先进技术汇编清单中，有 **XXX1** 先进技术和 **XXX2** 先进技术两个技术，**XXX1** 先进技术对应一个成果文件【**XXX1** 先进技术说明文档】，则在 **XXX1** 先进技术对应的所属类别文件夹下，存放对应成果文件；**XXX2** 先进技术对应多个文件，如包括【**XXX2-1** 先进技术说明文档】、【**XXX2-1** 先进技术说明文档】，则 **XXX2** 先进技术对应的所属类别文件夹下，存放对应的多个文件。

方式三：对于关键技术应用案例类成果，在【关键技术应用案例成果文件】下新建文件夹，命名为【主题名称】，在主题文件夹下新建文件夹，命名为应用案例对应的【技术名称】，将应用案例成果文件直接放在对应的技术名称文件夹下。若【关键技术应用案例汇编清单】记录与成果文件关系是一对多的情况，则在【技术名称】下新建文件夹，命名与对应的应用案例名称一致，文件夹名称即为【应用案例名称】，在该文件夹下存放对应成果文件。

关键技术应用案例类成果文件存储规范如图 3.14 所示。

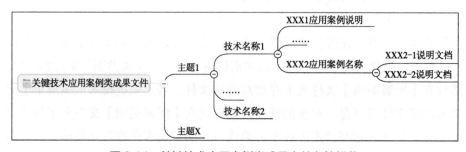

图 3.14　关键技术应用案例类成果文件存储规范

说明：关键技术应用案例汇编清单中，有技术名称 1 相关的 XXX1 应用案例和 XXX2 应用案例，其中 XXX1 应用案例对应一个成果文件【XXX1 应用案例说明】，则在 XXX1 应用案例对应的主题文件夹下，存放对应成果文件；XXX2 应用案例对应多个文件，如包括【XXX2-1 说明文档】、【XXX2-2 说明文档】，则在技术名称 1 对应的主题文件夹下，新建技术文件夹【技术名称】，在该文件夹下存放 XXX1 应用案例对应成果文件；对于 XXX2 应用案例，新建【XXX2 应用案例名称】文件夹，在该文件夹下存放对应的多个文件。

方式四：其他成果，以关键技术为例，在【关键技术成果文件】下新建文件夹，文件夹命名为【主题名称】，将成果文件直接存放在对应的主题文件夹下。若【关键技术汇编清单】记录与成果文件关系是一对多的情况，则在主题文件夹下新建文件夹，命名与“技术名称”一致，即文件名为【技术名称】，在文件夹【技术名称】下存放对应成果文件。

关键技术类成果文件存储规范如图 3.15 所示。

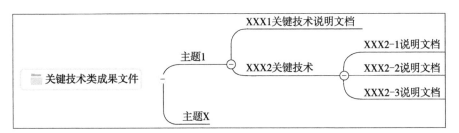

图 3.15　关键技术类成果文件存储规范

说明：关键技术汇编清单中，有 XXX1 关键技术和 XXX2 关键技术，其中 XXX1 关键技术对应一个成果文件【XXX1 关键技术说明文档】，则在 XXX1 关键技术对应的主题文件夹下，存放对应成果文件；XXX2 关键技术对应多个文件，如包括【XXX2-1 说明文档】、【XXX2-2 说明文档】、【XXX2-3 说明文档】，则 XXX2 关键技术对应的主题文件夹下，新建【XXX2 关键技术】文件夹，在该文件夹下存放对应的多个成果文件。

3.2.8　整理成果示例

水专项成果数据整理成果包括档案数据整理成果、汇编数据整理成果两类，成果数据应按照整理流程中的采集内容、数据组织、数据命名等要求进行保存，形成规范统一的成果数据，为数据入库、形成成果数据库提供数据基础。

档案数据整理成果示例如图 3.16 所示。

图 3.16　档案数据整理成果示例

汇编数据整理成果示例如图 3.17 所示。

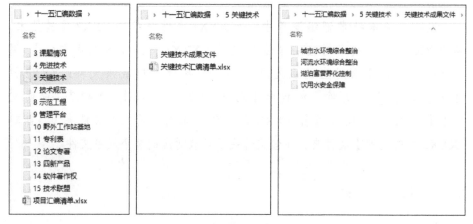

图 3.17　汇编数据整理成果示例

3.3　水专项科技成果数据采集与整理工具集

3.3.1　水专项数据库管理工具

水专项成果管理工具，在水专项成果数据整理的基础上，补充完善、整合集成各类成果数据资源，解决数据零散、分布杂乱、数据格式不规范、数据内容不统一的问题，形成水专项成果"一个库"，集成了涵盖三大实施阶段、多种成果类型及材料信息等的水专项成果数据库，纳入水专项成果库统一管理，实现了水专项成果一体化管理，为水专项成果的转化、推广及应用提供统一的数据保障。

（1）功能框架设计

为了有效管理，建立规范、统一、有机关联的科技成果数据库，建设了成果数据管理工具，在对水专项成果进行规范化整理后，通过该工具实现水专项成果的目录定制、自动化入库、数据更新、元数据管理、空间数据管理、成果文件管理、综合查询、数据导出和文件留痕管理等功能从而对科研成果数据进行有效管理。水专项成果数据管理工具功能模块如图 3.18 所示。

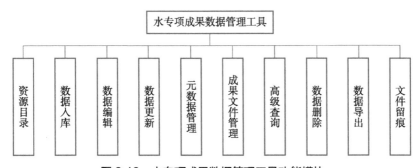

图 3.18　水专项成果数据管理工具功能模块

（2）业务流程设计

水专项成果数据的管理业务流程主要包括入库数据准备、数据整理、入库前检查、数据入库和数据管理 5 个环节，具体如图 3.19 所示。

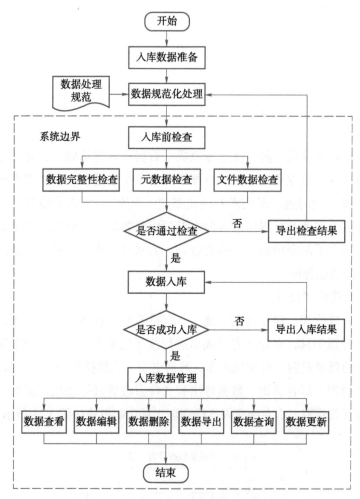

图 3.19　水专项成果数据库管理业务流程

①入库数据准备主要是完成待入库数据的采集，包括档案数据和汇编数据。

②数据整理是根据《水专项成果数据整理技术方案》对数据进行整理，形成标准的、统一的规范数据。

③入库前检查是为了保证数据的完整性和正确性，主要包括数据完整性检查、元数据检查、文件数据检查。若数据通过检查，则继续入库；若未通过检查，则导出检查结果，根据检查结果重新对数据进行规范化处理。根据检查内容，制定检查细则，检查细则规定了数据入库的检查项目、检查内容

及检查对象，以保证入库数据的正确性和有效性。

④数据入库：利用水专项成果数据管理工具中的入库工具，实现数据入库。若数据入库成功，则可对入库数据进行管理操作；若数据入库失败，则输出入库记录，可根据入库记录修改数据后重新入库。

⑤数据管理：对于入库数据，支持元数据管理和文件数据管理操作，包括数据查看、数据编辑、数据导出、数据删除、数据查询及数据更新等。

（3）功能模块与界面设计

①资源目录：按照课题管理、数据类别、区域等多种方式建立相应的资源目录，实现成果数据的快速定位，快速查看数据信息。资源目录界面如图 3.20 所示。

图 3.20　资源目录

②数据入库：支持按照主题、项目、课题多种维度入库方式对档案成果数据入库，极大地提高了数据入库效率；支持采用按照成果类别入库方式对汇编成果数据入库。根据数据库设计方案在入库阶段设置了质检环节，对于不符合数据规范的数据不予入库，并在界面提示具体修改内容。数据入库包含对 Excel、Word、PDF、PNG、JPG 等数据的详细入库。数据入库界面如图 3.21 所示。

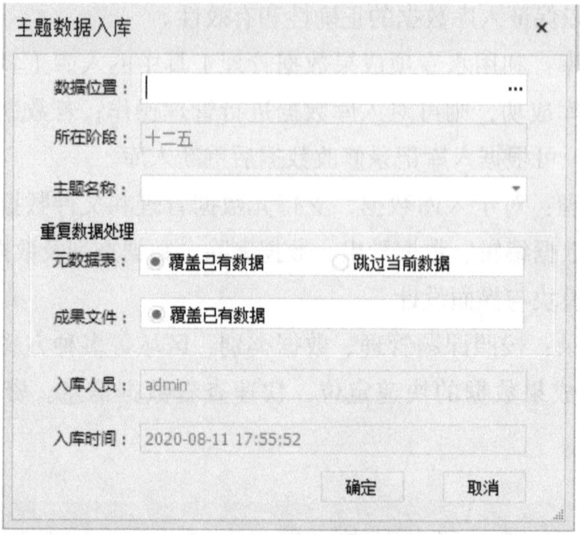

图 3.21　数据入库

③数据更新功能：实现档案数据更新功能，支持导入时的覆盖式更新、跳过当前数据更新和直接页面编辑进行更新。覆盖更新：覆盖当前已存在数据，保存当前准备录入数据。跳过当前数据更新：对当前已存在数据进行累计增加。页面编辑：更新当前课题的详细信息。数据更新界面如图3.22所示。

图 3.22　数据更新

④元数据信息管理：支持对元数据属性进行查看，同时实现元数据的编辑功能。在编辑页面支持对课题信息、成果信息进行修改，但是对于课题名称、编号等重要信息不允许修改，需删除数据内容，重新入库。在元数据信息列表实现了按照课题对数据的导出功能，并可根据需要选择是否导出附件。元数据信息管理界面如图 3.23 所示。

图 3.23　元数据信息管理

⑤成果文件管理：实现对成果文件的统一管理，包括成果文件组织结构的管理以及支持成果文件的在线浏览。如需导出成果文件，则需在元数据信息管理导出时选择导出全部文件或者仅导出文档。成果文件管理界面如图 3.24 所示。

图 3.24　成果文件管理

⑥综合查询：基于全文搜索技术，针对系统中汇编数据和档案数据进行查询，汇编数据和档案数据按成果类型进行查询，功能支持关键词组合的跨表、跨库检索，并提供下拉菜单，实现按照成果类别、所属阶段、主题、流域、项目、课题、承担单位等多维度的检索，并可按照需求导出部分或者全部检索结果的元数据、成果文件。由于存在多个课题共同产出成果的情况，该系统实现了成果去重功能，可根据实际需要选择。综合查询界面如图3.25所示。

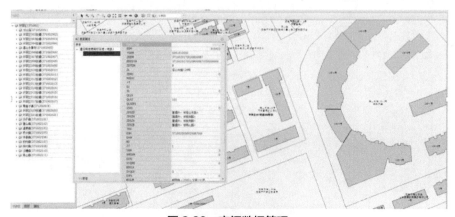

图3.25　综合查询

⑦空间数据管理：支持对地理空间类数据成果进行目录定制、地图浏览、查询等功能。空间数据管理界面如图3.26所示。

图3.26　空间数据管理

⑧文件留痕管理：实现在传输过程中对数据传输列表的管理，包括正在上传、正在下载以及传输完成的文件信息。可观测数据在上传过程中遇到的各种问题，结合监测日志对数据进行修改。传输记录如图 3.27 所示。

图 3.27 传输记录

3.3.2 水专项数据采集小工具

水专项工程示范小程序，支持项目（课题）负责人通过手机端填报示范一线的工作情况以及与相关管理部门的对接情况，项目管理人员可通过小程序及时了解跟踪示范工程进展及一线工作情况。针对项目（课题）负责人、国家（地方）水专办管理人员、专家组成员等角色开发示范工程的现场进展填报、查询、统计、空间展示等功能，也是采集项目成果数据的主要支撑。

（1）功能框架设计

水专项工程示范小程序面向课题负责人、项目负责人、地方水专办管理人员、国家水专办管理人员及专家组等，实现对"十三五"项目或独立课题示范工程的管理，支持项目（课题）负责人通过手机端填报示范工程一线的工作情况以及相关管理部门的对接情况，便于管理部门及时了解项目（课题）实施进展及示范工程一线的工作情况。

水专项工程示范小程序提供从项目、课题相关联的多个示范工程的现场进展填报（称为活动）、统计、空间展示等功能，包括登录、空间展示、活动管理、活动列表、状态统计、后台管理等模块。

（2）核心业务流程

水专项工程示范小程序业务流程如图 3.28 所示。

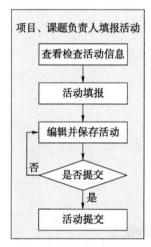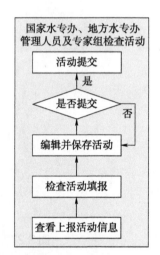

图 3.28　水专项工程示范小程序业务流程

1）项目、课题负责人填报活动：

①查看检查活动信息：项目（课题）负责人可对历史上报信息、国家水专办、地方水专办管理人员及专家组检查活动进行查看；

②活动填报：项目（课题）负责人可随时随地上报工程进展情况，填写相关信息，包括工程示范所属项目（课题）名称及编号、填报活动时间、参与人员、工程示范名称、工程示范当前状态、填报活动时 GPS 位置、地点描述、进展或问题描述及工程示范现场照片等信息；

③编辑并保存活动：对未提交的活动信息进行编辑并保存；

④活动提交：项目（课题）负责人可对编辑完成的信息进行提交，确认提交后，系统自动将该活动推送给具有管理权限的管理人员，管理人员可及时了解当前工程的问题或进展情况。

2）国家水专办、地方水专办管理人员及专家组检查活动：

①查看上报活动信息：可查看项目（课题）负责人上报活动信息；

②检查活动填报：国家水专办、地方水专办管理人员及专家组可随时随地对工程示范进行检查，填写相关检查信息，包括工程示范所属项目（课题）名称及编号、填报活动时间、参与人员、工程示范名称、工程示范当前状态、填报活动时 GPS 位置、地点描述、进展或问题描述及工程示范现场照片等信息；

③编辑并保存活动：对未提交的活动信息进行编辑并保存；

④活动提交：国家水专办、地方水专办管理人员及专家组可对编辑完成的活动进行提交，确认提交后，将检查活动反馈给该工程示范相关负责人员，负责人员可及时查看管理人员提出的问题并进行整改。

（3）功能模块与界面设计

水专项工程示范小程序的主要功能包括空间展示、活动管理、活动列表、状态统计和后台管理。

空间展示模块展示了登录用户权限下的所有工程示范空间分布情况，可拖动、缩放地图以查看工程示范。为方便用户直观了解示范工程的状态，用图标颜色标识了当前工程示范所处的状态，包括工程立项、可研、批复、详细设计、开工建设、调试、稳定运行、未知等状态。活动管理支持用户新建活动、编辑活动、提交活动、删除活动和查看活动等内容。水专项工程示范空间展示如图 3.29 所示。

活动管理支持用户新建活动、编辑活动、提交活动、删除活动和查看活动等内容。涉及的活动信息主要包括项目名称（或编号）、课题名称（或编号）、示范工程、当前状态，并确认地点描述（新建活动时自动获取，如果描述不准确可以修改文字描述）、参与人员、进展或问题描述，

图 3.29　水专项工程示范空间展示

实地照片拍摄等。水专项工程示范信息页面如图 3.30 所示。

图 3.30　水专项工程示范信息页面

　　活动列表支持用户查看示范工程相关的所有角色活动,角色包括课题负责人活动、项目负责人活动、地方水专办管理活动、专家组活动及国家水专办管理活动,用户通过下拉选择角色,实现不同角色活动的查看。该系统从两个维度出发,支持活动列表的查看。从示范工程的维度出发,可直接定位查看具体示范工程的活动列表信息,且支持不同时间段内活动的查看,包括近一个月、近三个月、近一年。水专项工程示范活动列表页面如图 3.31 所示。

　　状态统计支持用户根据不同状态统计示范工程,方便管理者掌握示范工程的总体情况。系统支持用饼状图的方式,展示示范工程状态,统计图显示与地图图例保持一致,保证了系统信息的一致性及展示的直观性。运行维护与系统监控的工作状态统计如图 3.32 所示。

图 3.31　水专项工程示范活动列表页面

图 3.32　运行维护与系统监控的工作状态统计

　　后台管理面向系统管理员，实现对所有课题示范工程用户、角色、权限的配置和管理，包括用户管理、角色管理及权限配置等。如图 3.33～图 3.35 所示。

图 3.33　运行维护与系统监控的用户管理

图 3.34 运行维护与系统监控的角色管理

图 3.35 运行维护与系统监控的权限配置

第 4 章

基于知识组织体系的数据库
设计与过程管理

　　由于水专项成果类型丰富，各对象要素之间的因果逻辑关系、上下对应关系复杂，需建立科学准确的知识组织体系，以确保数据库系统的检索效率、可靠性和易用性。水专项科技成果数据库设计的核心，是通过水专项和项目设置的组织架构更好地梳理不同层级数据之间的关系，将数据纳入易于理解的知识结构，从而设计出更加合理和高效的数据结构，提高数据库的使用性能；在明确水专项科技成果相关数据定义和属性的同时，提高数据的质量和密度，支持复杂查询和高级搜索功能的提升，可以提供更加直观和用户友好的界面，使用户能够更容易地理解和操作数据。

4.1　关键技术

4.1.1　基于知识组织体系的水专项成果知识图谱构建

　　本书基于信息抽取和知识加工技术，构建网状的实体关系图，形成水专项科技成果知识图谱，按课题组织、技术应用为主线进行数据层级钻取和知识关联，实现水专项科技成果的知识化采集、管理、关联。同时，采用主题关系法和逻辑关系法，梳理项目－课题组织关系以及科技成果产出－应用示范等嵌套关系，形成科研项目中成果数据间的知识组织体系，并应用知识图谱技术将形成的知识组织体系具象化。

　　首先，需基于自然语言文本和数据库属性，定义实体对象和实体之间的相互关系，分析课题、项目、技术的关联关系，采用 Neo4j 图形库技术，构建水专项的信息及分析知识图谱，为水专项科技成果数据建库以及共享和可视化应用奠定基础[15-17]。

　　知识图谱是一种用图模型来描述知识和建模世界万物之间的关联关系的技术方法。图模型由节点和边组成，如图 4.1 所示。节点可以是实体，如一个人、一本书等，或是抽象的概念，如人工智能、知识图谱等。边可以是实体之间的属性关系，如朋友、配偶。知识图谱的早期理念来自 Semantic Web（语义网），其核心是通过给万维网上的文档（如 HTML 文档、XML 文档）添加能够被计算机所理解的语义"元数据"，从而使整个互联网成为一个通用的信息交换媒介[18]。

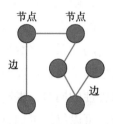 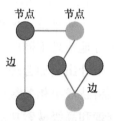

包含一种类型的节点和边　　　　包含多种类型的节点和边
　　　　　　　　　　　　　　　（不同颜色表示不同种类）

图 4.1　图的组成示意图

知识图谱由数据层（data layer）和模式层（schema layer）构成。在数据层，事实以"实体—关系—实体"或"实体—属性—属性值"的三元组存储，形成一个图状知识库。其中，实体是知识图谱的基本元素，包括具体的人名、组织机构名、地名、日期、时间等。关系是两个实体之间的语义关系，是模式层所定义关系的实例。属性是对实体的说明，是实体与属性值之间的映射关系。属性可视为实体与属性值之间的哈希值关系，从而转化为以"实体—关系—实体"的三元组存储。在知识图谱的数据层，节点表示实体，边表示实体间关系或实体的属性[19]。模式层是知识图谱的概念模型和逻辑基础，对数据层进行规范约束。多采用本体作为知识图谱的模式层，借助本体定义的规则和公理约束知识图谱的数据层。也可将知识图谱视为实例化了的本体，知识图谱的数据层是本体的实例。如果不需支持推理，则知识图谱（大多是自底向上构建的）可以只有数据层而没有模式层。在知识图谱的模式层，节点表示本体概念，边表示概念间的关系[19]。知识图谱的构建方法分为自上而下和自下而上两种，自下而上的知识图谱构建流程如图 4.2 所示，从开放链接的数据源中提取实体、属性和关系，加入知识图谱的数据层；然后将这些知识要素进行归纳组织，逐步往上抽象为概念，最后形成模式层；自上而下的知识图谱构建流程，如图 4.3 所示。

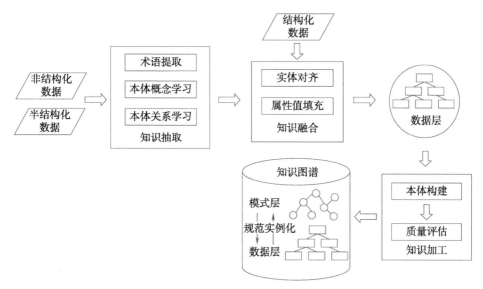

图 4.2　自下而上的知识图谱构建流程

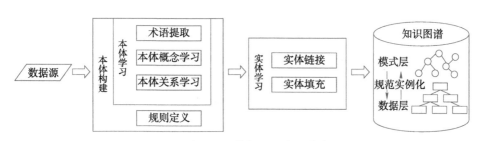

图 4.3　自上而下的知识图谱构建流程

本系统应用 Neo4j 技术进行知识图谱构建。Neo4j 是一个高性能的 NoSQL 图形数据库，是一个嵌入式的、基于磁盘的、具备完全事务特性的 Java 持久化引擎，但是它将结构化数据存储在网络（从数学角度叫作图）上而不是表中。Neo4j 也可以被看作一个高性能的图引擎，该引擎具备成熟数据库的所有特性[20, 21]。Neo4j 底层凭借图的方式把用户定义的节点以及关系存储起来，通过这种方式，可以高效地实现从某个节点开始，通过节点与节点间关系，找出两个节点间的联系。因此，在 Neo4j 中最重要的两个元素就是节点和关系，节点和关系可由属性图模型解释（Property Graph Model）[22, 23]。如图 4.4 所示。

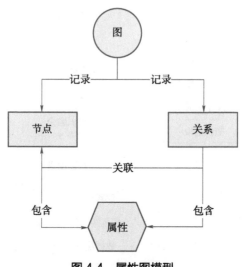

图 4.4　属性图模型

Neo4j 的优势主要包括以下 3 个方面：①在创建节点的同时创建节点间的关系，高效应用于复杂查询场景；②底层采用图的形式存储节点和关系，以常数级别时间复杂度开展查询应用；③提供一套易于理解的查询语言 Cypher 以及内置的可视化 UI，能够很好地支持 ACID，具备事务机制[24]。

水专项科技成果存储、管理及可视化展示的总体思路，包括两条主线：一方面以水专项科技成果纵向溯源进行组织管理，以"水专项阶段→主题→课题→专家→研究团队→科技成果产出"为溯源链条，构建链条中各层级实体对象间的关联关系；另一方面以水专项科技成果的技术应用进行横向扩展，以"关键技术→示范工程→应用案例→知识产权（专利、标准规范、获奖等）"为应用链条，构建以关键技术应用为核心的关联关系，两个链条可以通过实体关系串联和互相追溯。

基于以上思路对水专项科技成果资料进行加工整理，提取实体对象，利用自动化工具及人工结合的方式构建实体关系，最终形成水专项科技成果知识图谱，如图 4.5 所示。该图谱从底层实现了种类繁多、关系繁杂的水专项成果数据的有序化存储和组织管理，基于该存储结构，可以支撑多维可视化展示、查询检索等多种应用。可视化系统主要在技术创新模块应用了知识图谱技术，分析了水专项的知识体系关联关系，自上而下地构建了水专项的知识图谱，以关键技术为主体分析与之关联的示范工程、标准规范、专利、论文、课题等，又以课题为主体分析与之关联的示范工程、标准规范、项目等，逐层关联，最终形成了水专项的图状知识库。

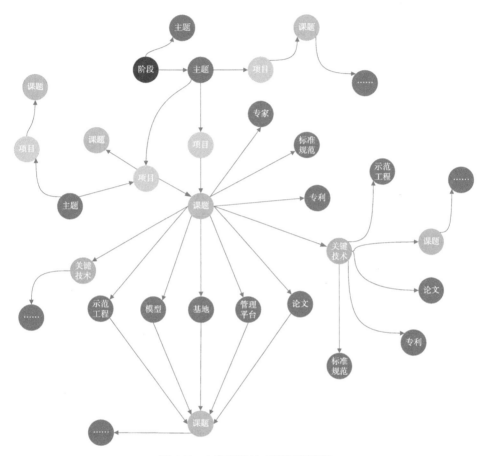

图 4.5 水专项科技成果知识图谱

4.1.2 基于工作流驱动的科研项目过程管理业务流程设计

诸如水专项等大型科研项目，在项目管理过程中，通常涉及多个课题和研究单位，项目开展、汇报和验收等流程也较为复杂，为实现项目开展过程中的信息化管理和科技成果来源的流程回溯，需要对项目过程管理的工作流程进行自动化管理。

本系统以 Activiti 作为开源工作流引擎，实现了项目管理工作流程的自动化运行，从而提高项目运行效率、提升项目运作的灵活性和适应性、提高量化考核业务处理的效率。手工处理工作流程，一方面无法对整个流程状况进行有效跟踪和了解，另一方面难免会出现人为的失误和时间上的延迟导致效率低下，特别是无法进行量化统计，不利于查询、报表及绩效评估。JBPM 和 Activiti 是 Java 领域内两个主流的工作流系统。Activiti 作为常用的开源工作流引擎，正在不断发展，其 6.0 版本以 API 形式提供服务，而之前版本基本是要求应用以 JDK 方式与其交互，只能将其携带到我们的应用中，而 API 方式则可以实现服务器独立运行，能够形成一个专网内工作流引擎资源共享的方式。

Activiti 工作流的类关系如图 4.6 所示：其中 activiti.cfg.xml 为 Activiti 工作流的引擎配置文件，包含 ProcessEngineConfiguration 的定义、数据源定义、事务管理器等。基于 ProcessEngineConfiguration 可以创建工作流引擎 ProcessEngine，通过 ProcessEngine 可以创建各个 Service 接口（在新版本中，IdentityService 和 FormService 已经删除）[25]。

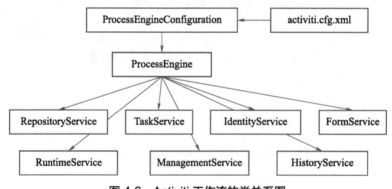

图 4.6　Activiti 工作流的类关系图

RepositoryService：Activiti 中每一个不同版本的业务流程的定义都需要使用一些定义文件，以部署文件和支持数据，这些文件都存储在 Activiti 内建的 Repository 中。RepositoryService 提供了对 repository 的存取服务。

RuntimeService：在 Activiti 中，每当一个流程定义被启动一次之后，都会生成一个相应的流程对象实例。RepositoryService 提供了启动流程、查询流程实例、设置获取流程实例变量等功能。此外，它还提供了对流程部署、流程定义和流程实例的存取服务。

TaskService：在 Activiti 中业务流程定义中的每一个执行节点被称为一个 Task，对流程中的数据存取、状态变更等操作均需要在 Task 中完成。TaskService 提供了对用户 Task 和 Form 相关的操作。它提供了运行时的任务查询、领取、完成、删除以及变量设置等功能。

IdentityService：Activiti 中内置了用户以及组管理的功能，必须使用这些用户和组的信息才能获取相应的 Task。IdentityService 提供了对 Activiti 系统中的用户和组的管理功能。

ManagementService：ManagementService 提供了对 Activiti 流程引擎的管理和维护功能，这些功能不在工作流驱动的应用程序中使用，主要用于 Activiti 系统的日常维护。

FormService：FormService 用于处理与表单相关操作的服务，提供了一组方法用于管理用户任务的表单、表单数据的获取和提交等操作。

HistoryService：HistoryService 用于获取正在运行或已经完成的流程实例的信息，与 RuntimeService 中获取的流程信息不同，历史信息包含已经持久化存储的永久信息，并已经被针对查询优化。

4.2 大型科研项目科技成果数据库设计

本部分详细介绍水专项成果数据库的数据关系分析、数据组织结构分析，各成果数据组织关系的分析与梳理，并以水专项成果的课题成果、集成成果、空间数据、模型等数据库的设计为例进行技术应用的阐述。

结合水专项成果资源现状以及数据交互、共享的需求，应用 XML、GIS 等技术，实现多源、海量以及空间和属性数据的集成和一体化存储，构建水专项科技资源成果数据库，为水专项科技资源共享服务平台提供数据服务。

数据库设计充分考虑数据的多样性，包括结构化数据与非结构化数据，同时在业务关联情况下，进行关联设计；支持主流的大数据软硬件平台，具备开放性、通用性和扩展性；支持集群部署方式及横向扩展和快速访问需求。

数据库设计过程中，充分考虑了数据结构的普遍性和数据的多样性、准确性，并坚持实用性、先进性、扩充性的设计原则，力求建立一个开放的、灵活的水专项成果数据库，保证建成的数据库能为水专项成果可视化与共享服务平台建设提供坚实的数据基础。数据库架构如图 4.7 所示。

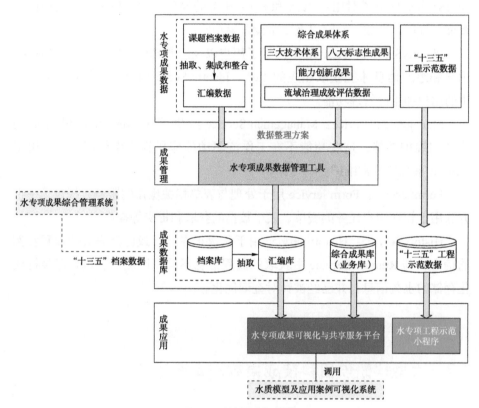

图 4.7　数据库架构图

4.2.1　成果关系梳理与设计

（1）档案库成果关系梳理及设计

通过对水专项课题成果材料进行梳理，共得出主题表、项目信息、课题基本信息、研究报告、关键技术、关键技术应用案例、技术规范、示范工程、管理平台、野外工作站基地、政策建议、四新产品、专利、论文专著、软件著作权、人才培养、软件系统、数据库、获奖信息、模型、监测报告、人才培养统计等 22 类信息，各类成果之间的关联关系如图 4.8 所示，并且各采集表之间存在一对一、一对多、多对一的关系（表 4.1）。

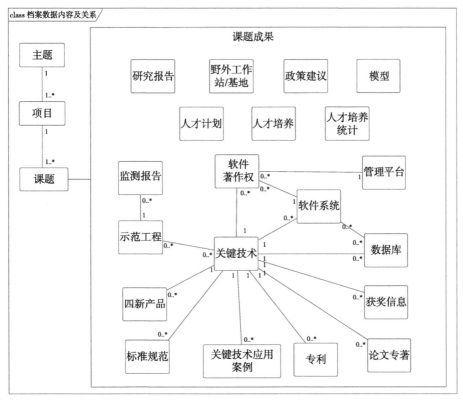

图 4.8　数据关系分析

表 4.1　采集表关系

序号	主表	从表	关系	关联键
1	主题表	项目表	一对多	主题编号
2	项目表	课题表	一对多	项目编号
3	课题表	表 4～表 21	一对多	课题编号
		人才培养统计表	一对一	课题编号
4	研究报告表	课题表	多对一	课题编号
5	关键技术表	课题表	多对一	课题编号
		关键技术应用案例表	一对多	关键技术名称
		示范工程及效益表	多对多	关键技术名称

序号	主表	从表	关系	关联键
5	关键技术表	技术规范表	一对多	关键技术名称
		科研创新表	一对多	关键技术名称
		专利表	一对多	关键技术名称
		论文专著表	一对多	关键技术名称
		软件著作权表	一对多	关键技术名称
		软件系统表	一对多	关键技术名称
		数据库表	一对多	关键技术名称
		获奖信息表	一对多	关键技术名称
		模型表	一对多	关键技术名称
6	关键技术应用案例表	课题表	多对一	课题编号
		关键技术表	多对一	关键技术名称
7	技术规范表	课题表	多对一	课题编号
		关键技术表	多对一	关键技术 ID
8	示范工程及效益表	课题表	多对一	课题编号
		关键技术表	多对多	关键技术 ID
		监测报告表	一对多	示范工程名称
9	管理平台表	课题表	多对一	课题编号
		软件著作权表	一对多	软件著作权名称
10	野外工作站基地表	课题表	多对一	课题编号
11	政策建议表	课题表	多对一	课题编号
12	科研创新表	课题表	多对一	课题编号
		关键技术表	多对一	关键技术 ID
13	专利表	课题表	多对一	课题编号
		关键技术表	多对一	关键技术 ID
14	论文专著表	课题表	多对一	课题编号
		关键技术表	多对一	关键技术 ID
15	软件著作权表	课题表	多对一	课题编号
		管理平台表	多对一	软件著作权名称
		关键技术表	多对一	关键技术 ID
		软件系统表	多对一	软件著作权名称

续表

序号	主表	从表	关系	关联键
16	软件系统表	课题表	多对一	课题编号
		关键技术表	多对一	关键技术 ID
		软件著作权表	一对多	软件著作权名称
		数据库表	多对多	软件系统名称
17	数据库表	课题表	多对一	课题编号
		关键技术表	多对一	关键技术 ID
		软件系统表	多对一	软件系统名称
18	获奖信息表	课题表	多对一	课题编号
		关键技术表	多对一	关键技术 ID
19	模型表	课题表	多对一	课题编号
		关键技术表	多对一	关键技术 ID
20	监测报告表	课题表	多对一	课题编号
		示范工程及效益表	多对一	示范工程名称
21	人才培养表	课题表	多对一	课题编号
		人才培养统计表	多对一	课题编号
22	人才培养统计表	课题表	一对一	课题编号
		人才培养表	一对多	课题编号

　　档案数据是成果原始数据,主要应用于课题成果管理及汇编数据生成,其目的是完成对成果数据的存档管理,主要涉及的系统是水专项成果数据管理工具,主要应用的业务流程包括数据入库、数据编辑、数据更新、元数据管理、成果文件管理、数据删除、高级查询、数据导出及汇编数据生成等。

　　档案数据的业务流程如表 4.2 所示,主要包括数据入库、数据管理、高级查询、汇编数据生成 4 个步骤。

　　(2)汇编库成果关系梳理及设计

　　水专项汇编成果包括由课题汇交、国家水专项办公室发布的汇编成果,以及由档案库抽取出的部分成果,包括主题表、项目信息、课题基本信息、先进技术、关键技术、关键技术应用案例、技术规范、示范工程、管理平台、野外工作站基地、技术联盟、政策建议、四新产品、专利、论文专著、软件著作权等16类信息，如图4.9所示。

表4.2 档案数据的业务流程

业务系统：水专项成果数据管理工具		
数据	业务流程	说明
档案数据	数据入库	将外部档案数据存储到数据库中
	数据管理	用于档案数据的更新维护及管理，包括数据编辑、数据更新、元数据管理、成果文件管理、数据删除、数据导出等
	高级查询	读取、查询并导出档案数据
	汇编数据生成	用户可根据抽取规则，生成汇编数据

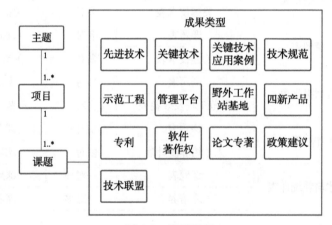

图4.9 数据关系

成果类型间存在关联关系，成果类型间关系描述如表4.3所示，并且各表之间存在一对多、多对一或多对多的关系（表4.3）。

表4.3 成果类型关系表

序号	主表	从表	关系	关联键
1	主题表	项目汇编清单	一对多	主题编号
2	项目汇编清单	课题汇编清单	一对多	项目编号
3	课题汇编清单	表5～表14，政策建议汇编清单	一对多	课题编号
		技术联盟汇编清单	多对多	课题编号
4	先进技术汇编清单			

续表

序号	主表	从表	关系	关联键
5	关键技术汇编清单	课题汇编清单	多对一	课题编号
		关键技术应用案例汇编清单	一对多	关键技术名称
		技术规范汇编清单	多对多	关键技术 ID
		示范工程汇编清单	多对多	关键技术 ID
		专利汇编清单	多对多	关键技术 ID
		论文专著汇编清单	多对多	关键技术 ID
		四新产品汇编清单	多对多	关键技术 ID
		软件著作权汇编清单	多对多	关键技术 ID
6	关键技术应用案例汇编清单	课题汇编清单	多对一	课题编号
		关键技术汇编清单	多对一	关键技术名称
7	技术规范汇编清单	课题汇编清单	多对一	课题编号
		关键技术汇编清单	多对多	关键技术 ID
8	示范工程汇编清单	课题汇编清单	多对一	课题编号
		关键技术汇编清单	多对多	关键技术 ID
9	管理平台汇编清单	课题汇编清单	多对一	课题编号
		软件著作权汇编清单	一对多	软件著作权名称
10	工作站汇编清单	课题汇编清单	多对一	课题编号
11	专利汇编清单	课题汇编清单	多对一	课题编号
		关键技术汇编清单	多对多	关键技术 ID
12	论文专著汇编清单	课题汇编清单	多对一	课题编号
		关键技术汇编清单	多对多	关键技术 ID
13	四新产品汇编清单	课题汇编清单	多对一	课题编号
		关键技术汇编清单	多对多	关键技术 ID
14	软件著作权汇编清单	课题汇编清单	多对一	课题编号
		管理平台汇编清单	多对一	软件著作权名称
		关键技术汇编清单	多对多	关键技术 ID
15	技术联盟汇编清单	课题汇编清单	多对多	课题编号
16	政策建议汇编清单	课题汇编清单	多对一	课题编号

　　汇编数据主要应用于汇编成果管理、成果共享和成果可视化，其目的是完成对成果数据的存档管理、共享及可视化表达，主要涉及的系统是水专项成果数据管理工具、水专项成果可视化系统和水专项成果共享服务平台。

　　汇编数据的业务流程如表4.4所示。

表4.4　汇编数据的业务流程

业务系统：水专项成果数据管理工具		
数据	业务流程	说明
汇编数据	数据入库	将外部汇编数据存储于数据库中
	数据管理	用于汇编数据的更新维护及管理，包括数据编辑、数据更新、元数据管理、成果文件管理、数据删除、数据导出等
	高级查询	读取、查询并导出汇编数据
业务系统：水专项成果可视化系统		
数据	业务流程	说明
汇编数据	专题展示	实现关键技术、流域及示范工程等汇编成果的可视化表达
	技术创新展示	支持对技术体系和标志性成果相关的汇编数据的展示
	能力创新展示	支持对论文、专利、基地等成果的汇编数据展示
	流域水质改善展示	支持流域水质改善相关的汇编数据展示
	空间展示	支持汇编数据空间化展示
	统计分析展示	从不同维度对汇编成果数据进行统计分析
业务系统：水专项成果共享服务平台		
数据	业务流程	说明
汇编数据	共享应用	支持对汇编数据的查询、查看等操作
	数据检索	实现对汇编数据的检索，并支持查看浏览、下载、收藏等
	高级检索	支持用户自定义检索条件查询汇编数据
	统计分析	支持用户对成果数据按不同的分析主题，从实施阶段、主题、流域／地区等不同维度进行统计
	用户管理	支持汇编数据共享服务的管理

（3）技术体系关系梳理及设计

　　平台将成果数据以技术体系的形式进行重组，支撑面向应用、面向推广的成果展示与共享。水专项的技术体系包括治理技术体系、水环境管理技术体系和饮用水安全保障技术体系，下面以治理技术体系为例，进行数据组织方法介绍。

为了科学合理地开展技术评估工作，根据技术的集成度对技术进行分级，构建技术体系。具体流域水污染治理技术体系按照集成度水平分成 6 个层级：技术体系、技术系统、技术系列、技术环节（关键技术）、支撑技术和支撑技术点。技术体系由 4 个技术系统组成，每个技术系统又由若干个技术系列组成，以此类推。技术分级构成如表 4.5 所示。

表 4.5　技术分级构成

技术层级	分级标准
技术体系	技术体系由 4 个技术系统组成，每个技术系统又由若干个技术系列组成
技术系统	流域水污染治理技术体系的"1 级技术等级"称为技术系统，包括重点行业污染控制技术系统、城镇生活综合污染控制技术系统、农业面源污染控制技术系统和受损水体修复技术系统
技术系列	流域水污染治理技术体系的"2 级技术等级"称为技术系列，为技术系统下细分的技术方向。例如，农业面源污染控制技术系统可分为种植业氮磷全过程控制技术、养殖业污染控制与治理技术、农村生活污水污染处理技术、农业农村管理技术 4 个技术系列
技术环节（关键技术）	流域水污染治理技术体系的"3 级技术等级"称为技术环节（关键技术），为技术系列下细分的技术方向。例如，种植业氮磷全过程控制技术系列可分为种植业氮磷全过程控制、稻田污染控制、麦玉污染控制、菜地果园污染控制 4 个技术环节。4 个技术系列共分为 11 个技术环节
支撑技术	流域水污染治理技术体系的"4 级技术等级"称为支撑技术，为每个技术环节中水专项课题研究产出技术成果的核心部分，具有一定的技术增量或创新
支撑技术点	流域水污染治理技术体系的"5 级技术等级"称为支撑技术点，支撑关键技术的具体细节技术问题，解决工艺单元或模块中的局部技术问题

技术编号规则如表 4.6 所示，技术编号由技术归属（技术体系 6 级编号）和技术序号组成。

其中，技术系统序号为：1 重点行业污染控制技术系统，2 城镇生活综合污染控制技术系统，3 农业面源污染控制技术系统，4 受损水体修复技术系统；技术系列序号由各技术系统独立编号。例如，农业面源污染控制技术系统的技术系列序号为：ZJ31 种植业氮磷全过程控制技术系列，ZJ32 养殖业污染控制与治理技术系列，ZJ33 农村生活污水污染治理技术系列，ZJ34 农业农村管理技术系列。

表 4.6   技术编号规则

代号	第 1 位	第 2 位	第 3 位	第 4 位	第 5 位	分隔符	第 6~7 位
ZJ	1~4	1~8	1~9	0~9	0~9	—	01~99
流域污染治理技术体系	技术系统	技术系列	技术环节（关键技术）	支撑技术	支撑技术点	—	技术序号

为支撑技术体系的系统化组织，技术长清单由技术系统拓扑图、技术名录表及成套名片（技术名片、装备名片和工程名片）组成，3 类名片以技术为主线构成一套名片。技术名片的内容分为技术基础信息、技术指标信息和技术评估信息 3 个模块。装备名片和工程名片则是基于技术名片已有信息，对装备和工程信息的补充填报。

每一个技术系统均对应一套技术拓扑图，以 ZJ3 农业面源污染控制技术集成与应用技术系统为例，如图 4.10 所示。

图 4.10   技术拓扑图

技术名片、工程名片、设备名片的数据分析分别如表 4.7~表 4.9 所示。

表 4.7　技术名片的数据分析

信息分类	字段名称	ZJ1 重点行业水污染全过程控制整装成套技术								ZJ2 城镇生活污染综合控制技术系统						ZJ3 农业面源污染控制技术集成与应用技术系统				ZJ4 受损水体修复技术集成与应用技术系统	
		ZJ11 钢铁行业水污染全过程控制	ZJ12 石化行业水污染过程控制	ZJ13 制药行业水污染全国控制	ZJ14 造纸行业水污染全过程控制	ZJ15 有色行业水污染全过程控制	ZJ16 皮革行业水污染全过程控制	ZJ17 印染行业水污染全过程控制	ZJ18 食品行业水污染全过程控制	ZJ21 城镇排水管网优化与改造	ZJ22 城镇降雨径流污染控制	ZJ23 城镇污水高标准处理与利用	ZJ24 城镇污泥安全处理与处置	ZJ25 集镇水环境综合治理	ZJ43 城镇水体修复与生态恢复	ZJ31 种植业氮磷全过程控制	ZJ32 养殖业污染控制与治理	ZJ33 农村生活污水污染处理	ZJ34 农业农村管理	ZJ41 受损河流修复技术	ZJ42 受损湖泊修复技术
技术基础信息	关键技术名称	√	√	√	√	√	√	√	√	√	√	√	√	√	√	√	√	√	√	√	√
	技术组成	√	√		√	√	√	√	√			√	√	√	√	√	√	√	√		√
	标准化关键词	√	√	√	√	√	√	√	√	√	√	√	√	√	√	√	√	√	√	√	√
	技术全编号	√	√	√	√	√	√	√	√	√	√	√	√	√	√	√	√	√	√	√	√
	课题名称	√	√	√	√	√	√	√	√	√	√	√	√	√	√	√	√	√	√	√	√
	课题编号	√	√	√	√	√	√	√	√	√	√	√	√	√	√	√	√	√	√	√	√
	研究单位	√	√	√	√	√	√	√	√	√	√	√	√	√	√	√	√	√	√	√	√
	联系人	√	√	√	√	√	√	√	√	√	√	√	√	√	√	√	√	√	√	√	√
	联系方式（手机）	√	√	√	√	√	√	√	√	√	√	√	√	√	√	√	√	√	√	√	√
	联系方式（邮箱）	√	√	√	√	√	√	√	√	√	√	√	√	√	√	√	√	√	√	√	√
	示范工程信息	√	√	√	√	√	√	√	√	√	√	√	√	√	√	√	√	√	√	√	√
	技术提升信息	√	√	√	√	√	√	√	√	√	√	√	√	√	√	√	√	√	√	√	√
	推广应用工程信息	√	√	√	√	√	√	√	√	√	√	√	√	√	√	√	√	√	√	√	√

续表

信息分类		字段名称	ZJ1 重点行业水污染全过程控制整装成套技术								ZJ2 城镇生活污染综合控制技术系统						ZJ3 农业面源污染控制技术集成与应用系统				ZJ14 受损水体修复技术集成与应用技术系统	
			ZJ11 钢铁行业水污染全过程控制	ZJ12 石化行业水污染过程控制	ZJ13 制药行业水污染全过程控制	ZJ14 造纸行业水污染全过程控制	ZJ15 有色行业水污染全过程控制	ZJ16 皮革行业水污染全过程控制	ZJ17 印染行业水污染全过程控制	ZJ18 食品行业水污染全过程控制	ZJ21 城镇排水管网优化与改造	ZJ22 城镇降雨径流污染控制	ZJ23 城镇污水高标准处理与利用	ZJ24 城镇污泥安全处理与处置	ZJ25 集镇水环境综合治理	ZJ43 城镇水体修复与生态恢复	ZJ31 种植业氮磷全过程控制	ZJ32 养殖业污染控制与治理	ZJ33 农村生活污水污染处理	ZJ34 农业农村管理	ZJ41 受损河流修复技术	ZJ42 受损湖泊修复技术
技术基础信息	对应的成果产出：专利	专利	√	√	√	√	√	√	√	√	√	√	√	√	√	√	√	√	√	√	√	√
		软件著作权	√	√	√	√	√	√	√	√	√	√	√	√	√	√	√	√	√	√	√	√
		标准规范指南	√	√	√	√	√	√	√	√	√	√	√	√	√	√	√	√	√	√	√	√
		方案手册	√	√	√	√	√	√	√	√	√	√	√	√	√	√	√	√	√	√	√	√
		数据库	√	√	√	√	√	√	√	√	√	√	√	√	√	√	√	√	√	√	√	√
		平台	√	√	√	√	√	√	√	√	√	√	√	√	√	√	√	√	√	√	√	√
		专著	√	√	√	√	√	√	√	√	√	√	√	√	√	√	√	√	√	√	√	√
		技术阶段	√	√	√	√	√	√	√	√	√	√	√	√	√	√	√	√	√	√	√	√
		目前应用情况	√	√	√	√	√	√	√	√										√		
		适用范围	√	√	√	√	√	√	√	√	√	√	√	√	√	√	√	√	√	√	√	√
技术参数信息		技术内容介绍	√	√	√	√	√	√	√	√	√	√	√	√	√	√	√	√	√	√	√	√
		技术特点（创新点）	√	√	√	√	√	√	√	√	√	√	√	√	√	√	√	√	√		√	√
		设计参数	√	√	√	√	√	√	√	√			√				√	√	√		√	√
		技术特征	√	√	√	√	√	√	√	√							√	√	√		√	√
		配套要求	√	√	√	√	√	√	√	√						√	√	√	√		√	√

续表

信息分类	字段名称	ZJ11 钢铁行业水污染全过程控制	ZJ12 石化行业水污染过程控制	ZJ13 制药行业水污染国控制	ZJ14 造纸行业水污染全过程控制	ZJ15 有色行业水污染全过程控制	ZJ16 皮革行业水污染全过程控制	ZJ17 印染行业水污染全过程控制	ZJ18 食品行业水污染全过程控制	ZJ21 城镇排水管网优化与改造	ZJ22 城镇降雨径流污染控制	ZJ23 城镇污水高标准准处理与利用	ZJ24 城镇污泥安全处理与处置	ZJ25 集镇水环境综合合治理	ZJ43 城镇水体修复与生态恢复	ZJ31 种植业氮磷全过程控制	ZJ32 养殖业污染控制与治理	ZJ33 农村生活污水污染处理	ZJ34 农业农村管理	ZJ41 受损河流修复技术	ZJ42 受损湖泊修复技术
		ZJ1 重点行业水污染全过程控制整装成套技术								ZJ2 城镇生活污染综合控制技术系统						ZJ3 农业面源污染控制技术集成与应用系统				ZJ4 受损水体修复技术集成与应用技术系统	
技术参数信息	运行控制	√	√	√	√	√	√	√	√	√	√	√	√	√	√	√	√	√		√	√
评估指标（评估信息）	运行效果																		√		
	技术	√	√	√	√	√	√	√	√	√	√		√	√	√	√	√	√		√	√
	经济	√	√	√	√	√	√	√	√	√	√	√	√	√	√	√	√	√		√	√
	环境	√	√	√		√				√	√	√	√	√	√	√	√	√		√	√
	运行管理											√		√							
初步评估结果（评估信息）	技术就绪度（立项初）	√	√	√	√	√	√	√	√	√	√	√	√	√	√	√	√	√	√	√	√
	技术就绪度（项目完成/验收时）	√	√	√	√	√	√	√	√	√	√	√	√	√	√	√	√	√	√	√	√
	技术就绪度（现状）	√	√	√	√	√	√	√	√	√	√	√	√	√	√	√	√	√	√	√	√
	技术创新类型	√	√	√	√	√	√	√	√											√	√
	综合绩效评估	√（勾选）	√（勾选）	√（勾选）	√（勾选）	√（勾选）	√（勾选）	√（勾选）	√（勾选）											√（分值）	

表 4.8　工程名片的数据分析

序号	字段名称	ZJ11 钢铁行业水污染全过程控制	ZJ12 石化行业水污染全过程控制	ZJ13 制药行业水污染全过程控制	ZJ14 造纸行业水污染全过程控制	ZJ15 有色行业水污染全过程控制	ZJ16 皮革行业水污染全过程控制	ZJ17 印染行业水污染全过程控制	ZJ18 食品行业水污染全过程控制	ZJ21 城镇排水管网优化与改造	ZJ22 城镇降雨径流污染控制	ZJ23 城镇污水高标准处理与利用	ZJ24 城镇污泥安全处理与处置	ZJ25 集镇水环境综合治理	ZJ43 城镇水体修复与生态恢复	ZJ31 种植业氮磷全过程控制	ZJ32 养殖业污染控制与治理	ZJ33 农村生活污水污染处理	ZJ34 农业农村管理	ZJ41 受损河流修复技术	ZJ42 受损湖泊修复技术
		ZJ1 重点行业水污染全过程控制整装成套技术								**ZJ2 城镇生活污染综合控制技术系统**						**ZJ3 农业面源污染控制技术集成与应用系统**				**ZJ4 受损水体修复技术集成与应用技术系统**	
1	示范工程名称	√	√	√	√	√	√	√	√	√	√	√	√	√	√	√	√	√	√	√	√
2	示范工程编号	√	√	√	√	√	√	√	√	√	√	√	√	√	√	√	√	√	√	√	√
3	示范的关键技术/装备产品名称	√	√	√	√	√	√	√	√	√	√	√	√	√	√	√	√	√	√	√	√
4	示范的关键技术/装备产品编号	√	√	√	√	√	√	√	√	√	√	√	√	√	√	√	√	√	√	√	√
5	示范工程地址	√	√	√	√	√	√	√	√	√	√	√	√	√	√	√	√	√	√	√	√
6	示范工程简介	√	√	√	√	√	√	√	√	√	√	√	√	√	√	√	√	√	√	√	√
7	示范工程运行效果	√	√	√	√	√	√	√	√	√	√	√	√	√	√	√	√	√	√	√	√
8	参数指标																				
9	经济指标																				
10	运行维护	√								√						√	√	√	√	√	
11	环境指标																				
12	智能化情况	√						√		√		√		√		√	√	√	√		
13	示范工程依托单位及关联系方式	√	√	√	√		√	√		√	√				√	√	√	√	√	√	√
14	是否正常运行																				
15	其他												√								

106

表 4.9　设备名片的数据分析

字段分类	字段名称	ZJ1 重点行业水污染全过程控制整套技术								ZJ2 城镇生活污染综合治理技术系统						ZJ3 农业面源污染控制技术集成与应用技术系统				ZJ4 受损水体修复技术集成与应用技术系统	
		ZJ11 钢铁行业水污染全过程控制	ZJ12 石化行业水污染全过程控制	ZJ13 制药行业水污染全国控制	ZJ14 造纸行业水污染全过程控制	ZJ15 有色行业水污染全过程控制	ZJ16 皮革行业水污染全过程控制	ZJ17 印染行业水污染全过程控制	ZJ18 食品行业水污染全过程控制	ZJ21 城镇排水管网优化与改造	ZJ22 城镇降雨径流污染控制	ZJ23 城镇污水高标准处理与利用	ZJ24 城镇污泥安全处理与处置	ZJ25 集镇水环境综合治理	ZJ43 城镇水体修复与生态恢复	ZJ31 种植业氮磷全过程控制	ZJ32 养殖业污染整制与治理	ZJ33 农村生活污水污染处理	ZJ34 农业农村污染管理	ZJ41 受损河流修复技术	ZJ42 受损湖泊修复技术
	设备名称	√	√	√	√	√				√		√	√	√	√	√	√	√	√	√	√
	标准化关键词																				
	设备全编号	√	√	√	√	√				√		√	√	√	√	√	√	√	√	√	√
	对应技术及编号	√	√	√	√	√				√		√		√	√					√	√
	课题名称											√	√			√	√	√			
	课题编号											√	√			√	√	√			
设备基础信息	设备简介	√	√	√	√	√				√		√		√	√	√	√			√	√
	生产线规模	√	√	√	√	√				√		√		√	√	√	√			√	√
	标准化情况	√	√	√	√	√				√		√		√	√					√	√
	国内外同类设备/产品水平	√	√	√	√	√				√		√		√	√				√	√	√
	研究单位												√			√	√	√		√	
	联系人												√			√	√	√			
	联系方式（手机）												√			√	√	√			

续表

字段分类	字段名称	ZJ11 钢铁行业水污染全过程控制	ZJ12 石化行业水污染全过程控制	ZJ13 制药行业水污染全国控制	ZJ14 造纸行业水污染全过程控制	ZJ15 有色行业水污染全过程控制	ZJ16 皮革行业水污染全过程控制	ZJ17 印染行业水污染全过程控制	ZJ18 食品行业水污染全过程控制	ZJ21 城镇排水管网优化与改造	ZJ22 城镇降雨径流污染控制	ZJ23 城镇污水高标准处理与利用	ZJ24 城镇污泥安全处理与处置	ZJ25 集镇水环境综合治理	ZJ143 城镇水体修复与生态恢复	ZJ31 种植业氮磷全过程控制	ZJ32 养殖业污染控制与治理	ZJ33 农村生活污水处理	ZJ34 农业农村污染管理	ZJ141 受损河流修复技术	ZJ142 受损湖泊修复技术
	联系方式（邮箱）																				
	示范工程信息															√	√	√			
	推广应用工程信息															√	√	√	√		
	专利															√	√	√	√		
设备基础信息 对应的成果产出	软件著作权															√	√	√	√		
	标准规范指南															√	√	√	√		
	方案手册															√	√	√	√		
	数据库															√	√	√	√		
	平台															√	√	√	√		
	专著															√	√	√	√		
设备参数信息	设备阶段															√	√	√	√		
	适用范围															√	√	√	√		
	设计参数															√	√	√	√		
	性能参数												√			√	√	√	√		

108

续表

| 字段分类 | 字段名称 | ZJ1 重点行业水污染全过程控制整装成套技术 | | | | | | | | ZJ2 城镇生活污染综合整治技术系统 | | | | | | ZJ3 农业面源污染控制技术集成与应用系统 | | | | ZJ4 受损水体修复技术集成与应用技术系统 | |
		ZJ11 钢铁行业水污染全过程控制	ZJ12 石化行业水污染全过程控制	ZJ13 制药行业水污染全国控制	ZJ14 造纸行业水污染全染过程控制	ZJ15 有色行业水污染染全过程控制	ZJ16 皮革行业水污染全过程控制	ZJ17 印染行业水污染全过程控制	ZJ18 食品行业水污染全过程控制	ZJ21 城镇排水管网优化与改造	ZJ22 城镇降雨径流污染控制	ZJ23 城镇污水高标准处理与利用	ZJ24 城镇污泥安全处理与处置	ZJ25 集镇水环境综合治理	ZJ143 城镇水体修复与生态恢复	ZJ31 种植业氮磷全过程控制	ZJ32 养殖业污染控制与治理	ZJ33 农村生活污水污染处理	ZJ34 农业农村管理	ZJ41 受损河流修复技术	ZJ42 受损湖泊修复技术
设备参数信息	配套要求																	√			
	运转性能												√				√	√			
	运行控制												√				√	√			
评估指标	技术																√	√			
	经济																√	√			
	环境																√	√			
初步评估结果	技术就绪度（立项初）												√				√	√			
	技术就绪度（项目完成）												√				√	√			
	技术创新类型												√					√			
实施效果	环境												√								
	社会												√								
	经济												√								

109

（4）综合示范成果关系梳理与设计

水专项综合示范成果包括太湖流域综合示范和京津冀区域综合示范领域模型，均是从立项背景开始，以流域问题为导向，制定治理策略，研究治理技术并开展综合示范，进行技术推广应用，最终取得一系列治理成效，如图 4.11、图 4.12 所示。

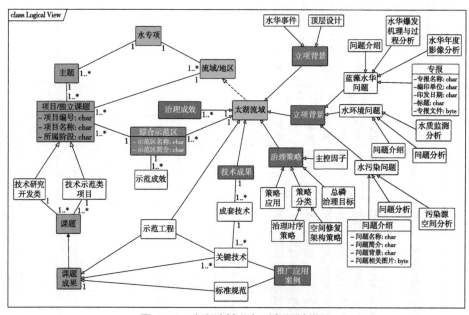

图 4.11　太湖流域业务对象领域模型

4.2.2　课题成果数据库设计

开展水专项课题成果数据库结构设计，规定水专项成果的组织和存储方式，定义数据表、关联、约束、常量、枚举等，形成数据库逻辑模型和物理模型。水专项科技成果数据库设计主要分为档案库设计和汇编库设计两大部分。水专项成果档案库，用于存储成果原始数据，包括流域基础数据、课题基本信息数据、模型数据、示范工程、标准规范、软件或系统产品及成果报告等数据。水专项成果汇编库建设是在成果档案库的基础上，通过数据抽取、集成和整合而形成的。水专项成果汇编数据库，主要面向共享应用，包括课题基本信息、先进技术、关键技术、示范工程、标准规范、技术导则、平台、

基地、论文专著、技术联盟、四新产品、专利、软件著作及成果报告等成果
的元数据信息。

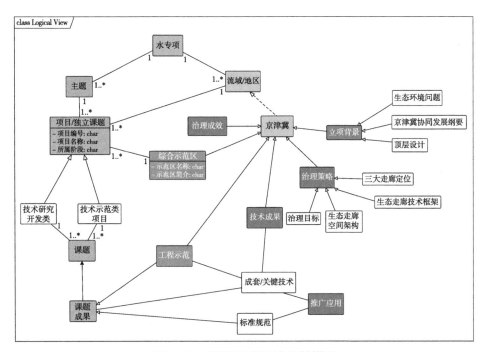

图 4.12　京津冀区域对象领域模型

（1）课题档案库

水专项成果档案库，用于存储成果原始数据，包括流域基础数据、课题
基本信息数据、模型数据、示范工程、标准规范、软件或系统产品及成果报
告等数据。

档案库内容包括三大实施阶段（"十一五""十二五""十三五"）的元数
据信息和成果文件信息，其中，元数据信息表共22类，包括主题表、项目
表、课题表、研究报告表、关键技术表、关键技术应用案例表、技术规范表、
示范工程及效益表、管理平台表、野外工作站基地表、政策建议表、科研创
新表、专利表、论文专著表、软件著作权表、软件系统表、数据库表、获奖
信息表、模型表、监测报告表、人才培养表、人才培养统计表；成果文件信
息共19类，文件格式为图片、视频及文档等，包括研究报告、关键技术、关
键技术应用案例、技术规范、示范工程及效益、管理平台、野外工作站基地、

政策建议、科研创新、专利、论文专著、软件著作权、软件系统、数据库、获奖信息、模型、监测报告、人才培养、人才培养统计。

（2）课题汇编库

水专项成果汇编库建设是在成果档案库的基础上，结合水专项成果可视化与共享服务平台建设要求，通过数据抽取而形成的。设计水专项成果汇编数据库，用于存储共享成果数据，包括课题基本信息、先进技术、关键技术、示范工程及效益、标准规范、技术导则、管理平台、野外工作站基地、论文专著、技术联盟、四新产品、专利、软件著作及成果报告等数据。

汇编库内容包括三大实施阶段（"十一五""十二五""十三五"）的元数据信息和成果文件信息，其中，元数据信息表共15类，包括项目表、课题表、先进技术表、关键技术表、关键技术应用案例表、技术规范表、示范工程及效益表、管理平台表、野外工作站基地表、专利表、论文专著表、科研创新表、软件著作权表、技术联盟表、政策建议表；成果文件信息共13类，文件格式为图片、视频及文档等，包括先进技术、关键技术、关键技术应用案例、技术规范、示范工程及效益、管理平台、野外工作站基地、专利、论文专著、科研创新、软件著作权、技术联盟、政策建议。

4.2.3 集成成果数据库设计

集成成果数据库包括三大技术体系、八大标志性成果、成套技术、关键技术、标准规范、产业化成果以及推广应用案例等数据。三大技术体系数据为"元数据+附件"的形式，包括技术属性信息以及技术名片；八大标志性成果数据包括成果名称、应用推广信息等属性信息，以及标志性成果报告等附件；成套技术和关键技术为元数据，包括技术名称和技术简介等信息；标准规范为"元数据+附件"的形式，包括标准规范的名称、简介、发布单位、颁布时间、类别等属性信息以及标准规范的原文；产业化成果包括技术、设备的名称、简介、图片，技术负责人，应用案例等信息。

4.2.4 空间数据库设计

空间数据是非结构化数据，包括全国行政区域、流域、水系、监测点、道路、注记等数据，用于成果的空间定位和地图展示。本项目的空间数据库根据物理特性可以划分为矢量数据库、栅格数据库，两种数据库采用不同的技术策略进行设计和创建。

（1）矢量数据库

矢量数据库是本项目数据库的核心，主要用于本项目数据库中的矢量地图数据。矢量数据库采用面向对象的空间数据模型，通过空间数据引擎将海量的空间数据存储在 Oracle 大型的商用数据库中。空间数据模型采用一种开放的结构将空间数据（包括矢量、栅格、影像等）及其相关的属性数据统一存放在标准的关系型数据库管理系统 DBMS 中。同时，矢量数据库采用空间数据模型实现地图数据的组织和管理。将矢量数据分为三级：空间数据库、空间数据集、空间图层。空间图层包含点、线、面图层。

矢量数据库的空间图层都经过严格的编码和编码规整，采用国家、行业的编码标准。通过编码进行空间图层上的要素与属性信息关联，实现图属一体化的管理，为数据基于空间的查询、专题制图提供基础支撑。其矢量数据库的存储设计包括空间特征的存储设计、空间索引的格网设计、地理参照系设计和各空间数据表格之间的关系存储。

矢量数据采用物理上分幅、分区块或按要素分层来组织。分幅、分区块组织时应通过接边处理确保数据库逻辑无缝；按要素分层组织时同一类数据放在同一层，每层通过拼接处理确保物理无缝，用于制图的辅助点、线、面数据单独放在同一层。不同尺度的同类要素数据建立垂直关联，同一尺度的要素数据间建立正确拓扑关系。

在矢量数据库的逻辑设计中，把基础地理数据抽象为一个空间数据库模型，它将通过空间数据引擎存储在 Oracle 数据库中，而 Oracle 将为空间数据引擎提供一个专为空间数据服务的例程（Instance）和一组存储在磁盘介质上的数据库文件。

空间数据模型中的空间对象被视为一个特征类，而特征类在存储上是一个带有 Shape 字段的表格，空间几何图形将以大二进制（BLOB）类型的二进制值的形式存储在 Shape 字段中。非空间对象被存储为表。空间数据模型以全关系方式存储数据，数据的管理将更容易且有效，可用标准的 SQL 对数据库进行查询，对大范围的空间数据也不必分块（tile）进行管理。

空间索引设计具体如下：首先根据行政区划分布图分区，或者根据其他的逻辑分区，创建空间数据的分幅索引图，也可以采用地形图标准分幅格网图作为规则索引图（GRID），索引图采用了空间数据引擎连续的空间数据管理模型。空间数据引擎将使用这个连续的空间数据模型，不需要分割数据，只需要创建相应的分区索引图。为了支持存储了上百万空间记录的数据库，空间数据引擎在一个层上为所有的特征建立了索引，以提高空间查询和存取速度。空间数据引擎将层从逻辑上分割为小块，称为"cell"，层中的特征则分解到各 cell 中加以描述，并将该描述信息写入索引表，这样便建立了一个空间索引，如果一个特征落入了一个以上的 cell，则在每个 cell 都要列出该特征的描述信息，没有数据的 cell 将不用包含在索引表中。如图 4.13 所示。在提供某一个空间目标的查询检索服务时，空间数据引擎将通过该目标和不同的 cell 之间的空间管理来快速定位和查询相应的空间目标。这样就达到了快速空间查询的目的。而对客户来说，该索引图是透明的，在查询时可能并不知道该索引图的存在。

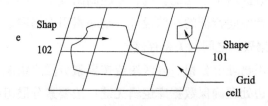

图 4.13 空间数据库查询与索引

对于空间数据的每一个比例尺级别和每一个专题层都将建立这种空间索引机制。这样每个数据层可以有一个、两个或者三个索引格网。如果数据在整个层上是均匀分布的，一个的格网执行查询更快。如果层上的数据是疏密不均的，则多级格网的查询更为有效。对于属性查询，空间数据引擎使用 DBMS 属性列索引。

地理要素的存储与组织方式主要包括：空间数据引擎存储和组织数据库中的空间要素的方法，是将空间数据类型加入关系数据库中。空间数据引擎并不改变和影响现有的数据库或应用，它只是在现有的数据表中加入图形数据项（shape column），供软件管理和访问与其关联的空间数据。空间数据引擎将地理数据和空间索引放在不同的数据表中，通过关键项将其连接。将图形数据项加入一个关系数据库表后，表示该表为空间可用的（spatially enabled）。空间数据引擎通过将信息存入层表（Layers table）来管理空间可用表。层表帮助管理属性表和空间数据之间的连接。Layers 表中含有描述空间可用表信息的数据项，实际的空间数据放在相关的 F<layer_ID>表中，如图 4.14 所示。对空间可用表，既可以对表中数据进行查询、合并，也可以进行图到属性或属性到图的查询。

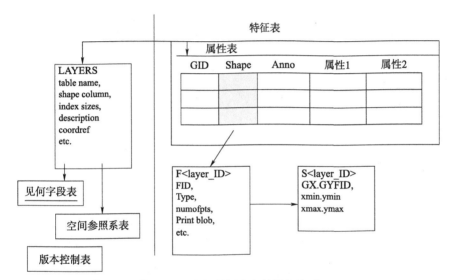

图 4.14 空间数据库存储组织方式

（2）栅格数据库

栅格数据库主要用于存储和管理遥感影像数据，包括行政区、遥感影像、水系等地图数据、DEM 高程数据、地表水质监测和示范工程等点位数据，如图 4.15 所示。

栅格数据库的逻辑设计重点是依据影像数据应用的特点，灵活地组织栅格编目的目录结构、影像文件的命名规则以及元数据的组织。以下就栅格数据库的逻辑设计进行详细论述。

影像数据库主要存储和管理遥感影像数据。根据目前拥有的影像数据、数字高程数据和正射影像图，对其数据编目结构、文件命名规则、元数据编码设计进行阐述。

影像数据按分幅、分块或分区组织管理，通过接边处理确保数据逻辑无缝；建立多级金字塔索引结构以提高存取速度；以对象关系数据库的方式存放金字塔各级影像数据。

图 4.15　栅格数据形式

图 4.16　DEM 高程数据效果图

4.2.5　模型库与案例库设计

（1）模型库设计

本书中模型库设计以水专项"十一五"和"十二五"研究报告为主。在原有收集"十一五"和"十二五"水专项监控主题 56 个课题相关报告中有关模型及应用介绍的基础上,通过文献调研、专家咨询,参考美国国家环境保护局(EPA)模型相关文件,已经重点梳理出国际主流成熟模型 62 个,"十一五"水专项模型 129 个,"十二五"水专项模型 110 个。随着课题研究资料的不断收集梳理,逐渐完善"十二五"水专项模型梳理工作。

收集的"十二五"水专项报告 153 个课题中,初步整理了涉及水环境模型的 73 个课题报告,共计 110 个模型。根据课题成果汇编对所有含模型课题进行了模型简表梳理,根据后续收集的项目材料(课题技术报告等)进行了模型详表梳理,涉及课题 24 个、模型 34 个。

整理包含模型的"十二五"水专项课题 73 个,进行模型简表梳理,整理 110 个水专项模型。对 110 个水专项课题模型进行详细梳理。国内模型主要开发模式有两种:一是根据实际应用场景和已有模型进行自主开发:二是借鉴国外成熟模型构建地域性模型。国内应用较多的成熟模型有 MIKE11、MIKE21、SWMM、QUAL2K、SWAT、EFDC、WASP 等。课题模型研究与应用最常见的应用方式为基于控制方程、前期模型基础、成熟模型等构建流域模型。水专项最常见的模型类型为流域模型、水动力水质模型、管网模型、调度模型等。

主要整理内容包括模型名称、版本号、发布日期、类型、简介、功能、支持程度、适用范围、模型机理、输入、输出、开发语言、运行环境、模型扩展、操作界面、开发者、应用历史、用户数量、联系人信息等。模型库包含模型简表设计和模型详表设计两部分:

模型简表设计:收集水专项全部有关模型研究课题的成果报告后,对模型简表进行梳理。主要针对模型名称、模型全称、模型类型、模型描述、版本号、发布日期、开发者、应用者、是否免费或开源、操作系统等方面进行模型信息的初步整理。

模型详表设计:基于初步整理的内容对模型详细内容进行梳理。模型详表对模型进行初步筛选,存在问题(资料不全等)的模型无法进行下一步的详表梳理。详表梳理是在简表梳理的基础上所做的进一步梳理,主要是深入整理模型应用的细节和相关详细信息,包括模型类型、关键词、模型功能、适用范围、模型机理、输入 / 输出数据、输入 / 输出帮助、模型扩展、参数率定、应用历史等内容。

数据、监测数据，根据某一专题，生成统计表、专题图等。

编号：该编号与模型课题目录对应。

所属课题：水专项课题（或独立课题）名称及编号。

模型名称：中文或英文名称简写，如 WASP。

模型全称：中文或英文名称全称，如 WASP 模型全称：Water Quality Analysis Simulation Program。

版本号：开发或使用模型的版本号。

发布日期：开发或使用模型的版本发布日期。

模型类型：分类 1：流域（水文）模型、水动力模型、水质模型（DO 模型、富营养化模型）、泥沙模型、水生态模型、地下水模型；分类 2：评价模型（水质评价、生态评价、承载力评价、风险评价）、响应关系计算模型、污染负荷估算模型、容量总量分配模型、水质预测预报模型、流域综合管理模型、参数率定模型、不确定性分析模型等。模型类型属性从以上类型中选择，如没有，则填写其他，并备注具体类型名称。若同时具有多个分类属性则都要填写，如 EFDC 模型，则填写水动力模型、泥沙模型、水质模型、响应关系计算模型甚至预测预报模型。

模型简介：提供模型发展、用途和功能的一般宣传性总结。字数限制在 500 字以内。

关键词：识别表征模型类型和模拟能力的模型关键特点（如三维、水质、DO、氨氮、响应关系、点源、环境影响、预测）。多个关键词用分号隔开，至少填写 5 个关键词。

模型功能：模型框架结构、模型解决的环境问题如水动力过程、DO 平衡、富营养化、污染负荷估算、工程效果评估等及其状态变量的详细种类，如 DO、氮、磷、COD、重金属等。

模型支持程度：针对以下主要特点对模型的支持进行分级：流域、受纳水体、生态、空气、地下水，每一个特点分级如下：高——完全支持 / 基于物理；中——一些简化假设；低——经验表示；无——不支持。注意：模型所属类型中，不便于以上分级的填写"一"。

适用范围：适用的环境问题、水体类型、土地类型、空间区域大小、空间维度、时间尺度等信息。

模型机理：模型计算方法、物理过程、生化反应过程的简单描述及其假设等。

输入数据：变量名称简要描述；输入格式，如 ASCII、Binary。

输出数据：变量名称简要描述；输出格式，如 ASCII、Binary。

开发语言：如 Fortran、C++、C#、Java 等。

运行环境：软硬件配置要求及兼容性。

模型扩展：与其他模型链接和二次开发能力，如 EFDC 模型可以与 WASP 模型耦合应用。

应用案例：具体应用的案例名称。

共享程度：是否免费（开源）或收费获取。

操作界面：有无软件化界面。

输入帮助：是否基于 GIS；是否具有数据编辑及第三方软件的数据兼容性能，软件名称。

输出帮助：是否基于 GIS；是否具有数据处理、可视化功能及第三方软件数据兼容性能，软件名称。

技术支持：是否具有模型使用手册（中文或英文）和测试算例，提供文件；是否具有模型的网站及下载链接，提供网址；是否具有组织的研讨会或论坛，提供研讨会或论坛名称。

加速技术：是否应用 Openmp、MPI 或 GPU 等并行加速技术。

参数率定：是否具有自动率定校准能力和参数敏感性及不确定性分析能力。

模型评估：总结模型的任何可用正式检验、同行评审或其他支持文件（非开发者应用文件名称）。

应用历史：开发和应用的所有时间和版本。

用户数量：政府、研究院所及个人名称及数量。

文献数量：模型相关学术论文和报告名称及数量。

经验需求：经验需求分为低、中、高三类。

注：低：不需要培训或简单培训，具备基础模型知识；中：需要一般培训，具备一定的模型经验。高：需要高级培训，具备丰富的模型实践经验。

时间需求：学习模型的时间需求，分为低、中、高三类。

注：低：小于 3 个月；中：3～6 个月；高：大于 6 个月。

数据需求：数据需求分为低、中、高三类。

注：低：简单；中：一般；高：详细。

开发者：水专项中自主开发模型的个人或单位（公司）。

应用者：水专项中非原创，在他人模型基础上修改或直接用模型集成应用解决问题的个人或单位。

联系人信息：联系人姓名、电话，通信地址。

（2）案例库设计

收集水专项中流域水环境模型开发及应用报告及数据资料，是建立水专项流域水环境模型案例数据库的基础。通过收集课题项目技术报告的模型应用案例，建立模型案例库，共收集模型应用案例 34 个，涵盖 29 个课题。模型应用主要基于实际地区（流域、河口、河网、管网等场景）的需求，通过机理模型构建，将模型集成至系统、平台等手段，实现模型的开发与应用；此外，选用国外成熟模型框架，调整选择模型参数，进行模型构建也是主流的模型应用方案。现有收集的模型案例中，部分案例采用国外成熟模型构建模型框架进行应用研究，其他案例采用模型集成的方式搭建平台系统实现模型开发应用。模型应用在水质管理、污水净化、水体健康评估、安全评估、预报预警、污染防治、优化调度、管网分析等方面都取得了很好的经济效益和环境效益。

4.3 水专项项目过程管理系统业务流程设计与实现

4.3.1 核心业务流程分析

根据水专项"十三五"项目管理模式，水专项综合管理系统用户包括项目（独立课题）负责人、项目（独立课题）承担单位法人、水专办分管同志、标志性成果分管同志、标志性成果责任专家（一级专家、二级专家、总体专家组）、水专办主任以及水专办领导。水专项综合管理系统基于工作流驱动各业务模块的审批流转，其核心业务流程示意图如图 4.17 所示。

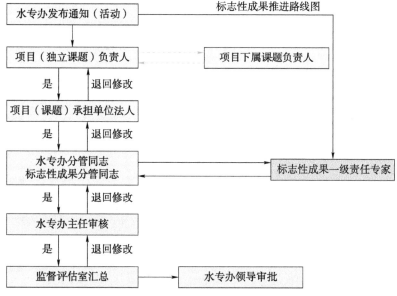

图 4.17   水专项管理核心业务流程示意图

4.3.2   项目过程管理关键流程设计

水专项综合管理系统涉及的主要过程管理包括季度进展报告、标志性成果推进、项目（课题）变更审查、人员投入时间和精力管理、综合绩效评价等。具体流程设计如下：

（1）季度进展报告

项目（独立课题）负责人通过该模块报告季度进展情况，内容包括项目（课题）任务完成进度和实施进展、示范工程进展、资金投入和管理使用情况。季度进展报告业务流程如图 4.18 所示。

（2）标志性成果推进

工作推进路线图的对象主要是水专项标志性成果责任专家。水专项标志性成果一级、二级责任专家根据各自的分管权限，在系统中定期查看支撑标志性成果实现的所有项目（独立课题）的季度执行情况，并根据具体情况按季度汇总编制水专项标志性成果工作推进路线图。季度推进路线图经标志性成果分管同志和水专办各级领导审核后，由监督评估室统一汇总报送科技部重大专项办。标志性成果推进业务流程如图 4.19 所示。

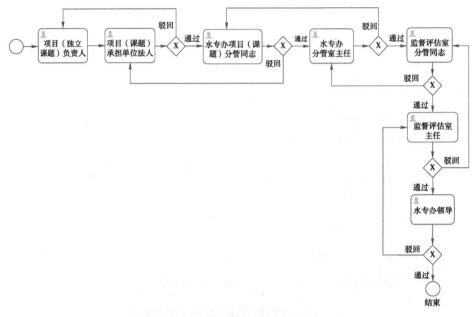

图 4.18　季度进展报告业务流程

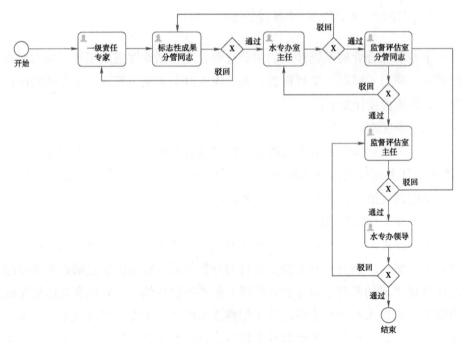

图 4.19　标志性成果推进业务流程

（3）项目（课题）变更审查

由项目（独立课题）负责人主动发起，针对任务合同书中相关内容申请变更。变更申请需经所属单位法人、地方管理部门、水专办分管同志审查、水专办领导审核等方可在线下召开项目（课题）变更申请审查会议。会后，由水专办分管同志将相关批复材料上传至系统，待项目（课题）负责人确认后在管理平台中予以更改并留下变更记录。项目（课题）变更审查业务流程如图 4.20 所示。

图 4.20　项目（课题）变更审查业务流程

（4）人员投入时间和精力管理

项目（独立课题）负责人通过该模块按月填报本项目（课题）主要科研人员投入一线工作的时间和精力情况。每个月末统计和填报当月投入情况。人员投入时间和精力业务流程如图 4.21 所示。

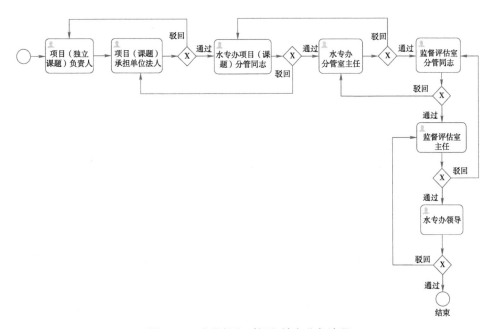

图 4.21　人员投入时间和精力业务流程

（5）综合绩效评价

填报项目（独立课题）的验收数据和成果数据。综合绩效评价流程如图 4.22 所示。

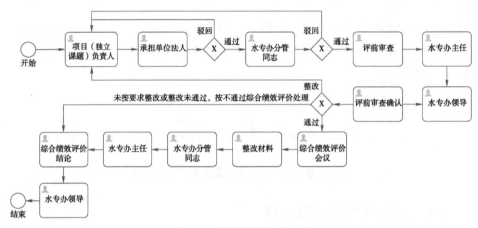

图 4.22　综合绩效评价流程

4.3.3　水专项项目过程管理系统功能模块

水专项项目过程管理主要为以下工作提供服务：水专项管理办公室通过系统发布各类管理活动通知，由项目（独立课题）的填报单位在线填报所需各类信息内容，报水专办分管同志审查后转标志性成果责任专家给出技术评估或审查意见，相关意见经水专办领导审核后反馈给项目（独立课题）单位并进行存档记录。过程管理子系统主要包括"季度进展报告""季度工作计划表""标志性成果工作推进路线图""主要人员时间和精力投入""年度执行情况报告""项目（课题）变更审查""阶段成果报送""工作动态、简报报送"8 个基本管理功能模块。

（1）"季度进展报告"功能模块

项目（独立课题）负责人通过该模块报送季度进展情况，主要包括以下几个模块。

①项目（课题）任务完成进度和实施进展：项目（课题）围绕水专项标志性成果取得的阶段进展和阶段成果，包括突破的关键技术、形成的整装成

套技术、产品装备、业务化运行平台、技术标准规范和法规政策建议及示范工程。对照项目（课题）任务合同书规定的节点目标和季度计划，项目（课题）完成进度和完成情况，如图 4.23 所示。

图 4.23 保存任务完成度信息界面

②示范工程进展模块：对照项目（课题）任务合同书规定的节点目标和季度计划，示范工程实施进展情况、地方配套工程相关条件（配套工程、配套经费、组织保障等）的落实情况，如图 4.24 所示。

图 4.24 保存示范工程信息界面

③资金投入和管理使用情况：用于说明中央财政资金投入和分配情况，地方财政资金、单位自筹经费和工程配套等落实情况，以及经费支出和经费执行率等经费管理和使用情况，如图 4.25 所示。

图4.25　保存投入资金管理界面

（2）标志性成果路线图

工作推进路线图主要对象是水专项标志性成果责任专家。水专项标志性成果一级、二级责任专家根据各自的分管权限，在系统中定期查看支撑标志性成果实现的所有项目（独立课题）的季度执行情况，并根据相关情况按季度汇总编制水专项标志性成果工作推进路线图。季度推进路线图经标志性成果分管同志和水专项办各级领导审核后由监督评估室统一汇总报送科技部重大专项办。

（3）"项目（课题）变更审查"模块

由项目（独立课题）负责人主动发起，针对任务合同书中相关内容申请变更。变更申请需经所属单位法人、地方管理部门、水专办分管同志审查、水专办领导审核等方可在线下召开项目（课题）变更申请审查会议。会后，由水专办分管同志将相关批复材料上传至系统，待项目（课题）负责人确认后在管理平台中予以更改并留下变更记录。

（4）阶段成果报送

该模块应处于随时开放状态，由项目（独立课题）负责人主动发起，通过平台向水专办报送阶段成果的产出情况，包括成果名称、成果简述、技术参数、应用情况，以及标准规范、发明专利、重大建议专报、方案报告、工作动态等。

登录者可根据角色权限查看项目列表，权限越大项目列表越多，如图 4.26 所示。

图 4.26　查看阶段成果报送界面

第 5 章

基于多维可视化技术的
水专项成果展示

在信息化、数字化时代，科研成果可视化已经成为科技发展、科技传播和科普教育不可或缺的一部分，通过多维可视化的方式，可以提高科技传播效率、促进科研交流与合作、辅助管理决策制定、推动科技成果的转换。大型科研项目的成果展示对于推动科技进步、促进社会发展、提升科技竞争力和影响力都具有十分重要的作用。本项研究基于 Echarts、Service GIS 等多维可视化技术实现成果数据库中文档、图标、地图、视频、动画、三维等各种类型的科技成果的空间化展示；同时，基于知识图谱技术，实现成果数据的快速查询，提升用户使用体验。除此之外，还引入小程序技术，支持手机端浏览项目成果，便于用户便捷浏览科研项目成果信息。

5.1　关键技术

为了满足项目建设要求，采用 HTML+JavaScript+CSS+jQuery 的基础组合实现前端功能开发，采用 LayUI 前端组件库提升项目表达效果，采用 Echarts 数据可视化图表库实现各种图表的展示，采用 OpenLayers 地图可视化框架实现空间数据的在线表达，采用 Cesium 框架实现三维模型数据的可视化表达，采用 MINA 微信小程序原生开发框架实现小程序应用开发。

引入海量图层实时加载、矢量切片技术、免切片快速显示技术、空间信息服务加速技术、跨媒体 / 终端大数据可视化技术、快速检索与提取技术搭建海量数据快速显示技术。

采用 Cesium 三维引擎、GeoSever 和矢量切片技术实现高精度的地形和影像服务，通过矢量切片技术和缓存地图瓦片技术提高地图服务加载速度，通过动态视觉展示技术、可视化图表展示技术提高成果共享质量[26-28]。

基于水专项科技成果知识图谱和水专项科技成果可视化展示的两条主线，研发水专项科技成果多维可视化技术体系。该技术体系设计思路包括以下3 个方面：①时空展示方式，按照时间、空间优先级，对水专项各类科技成果进行多维度标引，在空间上进行二维、三维展示；②按照课题组织、技术应用两条主线，采用层层钻取、逐级深入方式，并通过知识图谱关联获取相关数据、资料和地图；③采用图、表、视频、二维、三维一体化地图等多种形式，联动展示水专项科技成果。

基于以上思路，本项目研发了二维、三维一体化地图展示技术、动态视觉展示技术以及可视化图表技术，从而实现水专项科技成果的多维度展示。

5.1.1　平台界面底层和前端开发技术

为了使水专项成果数据在平台上呈现更好的展示效果，本项目集成主流界面设计开发技术，实现良好界面交互、操作逻辑、整洁美观、提升渲染效果的整体设计。下文将简单介绍其中涉及的各类技术：

（1）HTML+JavaScript+CSS+jQuery 基础组合

HTML 是一种标记语言，用于创建和设计网页的结构。它由一系列的元素（elements）组成，每个元素通过标签（tags）来定义，这些标签可以包裹文本、图像、链接等内容，以描述网页的结构和内容。HTML 是构建 Web 页面的基础，它提供了一种结构化的方式来呈现信息，并使浏览器能够正确地解析和显示网页。HTML 具备显著的通用性。水专项平台成果展示基于 HTML，结合使用服务器端脚本语言（如 PHP、Python、Ruby 等）、客户端脚本语言（如 JavaScript）和多维可视化技术（如 Echarts、Service GIS），呈现丰富的网页应用程序，实现各种成果查询、展示等交互。

CSS（Cascading Style Sheets，层叠样式表）是一种定义字体、颜色、位置等样式结构的语言，用于描述网页上的信息格式化和显示的方式。基于 CSS 技术，可以对网页中元素位置的排版进行像素级精确控制，支持各类字体、字号样式，拥有对网页对象和模型样式编辑的能力。

jQuery 是一个快速、小巧且功能丰富的 JavaScript 库，用于简化在网页开发中的 HTML 文档编写、事件处理、动画设计以及 Ajax 交互。jQuery 的目标是使 JavaScript 代码的编写更加简便和高效。具有丰富的动画和效果方法，包括淡入/淡出、隐藏/显示等，使开发者能够以简单的方式创建交互性和吸引人的用户页面；具备插件扩展特点，允许开发者使用现有的或创建的插件，扩展 jQuery 功能；由于轻量级特性，可以实现 Web 应用快速加载。水专项平台成果展示通过引入 jQuery 技术，实现 Web 页面功能快速加载，简便、高效展示成果，并使其具备丰富的动画和效果[29, 30]。

图 5.1　HTML+JavaScript+CSS+jQuery 基础组合示意图

（2）LayUI 前端组件库

LayUI 是一套简约易用的前端 UI 框架，它基于原生 HTML、CSS、JavaScript 构建，致力于提供简单、直观、轻量级的前端开发解决方案。LayUI 的设计目标是帮助开发者更轻松地创建美观且功能强大的 Web 界面。

LayUI 框架的基本结构包括 3 个部分：css 文件夹、js 文件和 fonts 文件夹。其中，css 文件夹存放着 LayUI 框架的样式文件；js 文件（layui.all.js）存放着 LayUI 框架的脚本文件；fonts 文件夹存放着 LayUI 框架所需的字体文件。LayUI 提供了一系列常用组件，如表格、表单、按钮、布局、菜单、弹出层，能够满足众多 Web 应用的开发需求。同时具备高灵活性，可以轻松扩展和定制，支持主流浏览器，并提供详细的文档和示例，方便开发人员使用和学习[31, 32]。

因此，LayUI 技术能够使水专项平台成果展示具备美观、动画丰富、功能丰富等特性。

5.1.2　多维可视化展示技术

水专项共享平台基于 OpenLayers 地图可视化框架，Echart、GeoServer 和 Cesium 技术，以及 Flash 技术实现地理空间数据、流域数据、水专项成果数据及其相关统计数据的多维可视化，丰富可视化形式，从而增强数据感染力，提升用户体验。

（1）OpenLayers 地图可视化框架

OpenLayers 是一个开源的 JavaScript 库，用于在网页上创建交互式地图。它提供了丰富的地图功能，包括地图浏览、地图标注、图层管理、地图投影转换等。OpenLayers 的目标是让开发者能够轻松地在网页上集成地图功能，与各种地图服务进行交互，以及自定义地图应用。其地图渲染、图层管理功能支撑水专项平台成果展示基础地图、卫星图、矢量图等多种地图数据源；能够为水专项平台提供丰富的交互式地图功能，用户通过鼠标或触摸屏实现缩放、平移、旋转、标注等地图操作；地图标注支撑用户在水专项平台上实现绘制、编辑矢量要素；OpenLayers 支持跨浏览器和跨平台，支持水专项平台具备兼容性，保证成果展示的正常性[33]。

（2）基于 Echarts 的可视化图表展示技术

Echarts 是企业级开源可视化图表，主要来源于百度可视化团队，纯 JavaScript 编写的图表库，兼容绝大部分浏览器，底层依赖于轻量级的 Canvas 类库 ZRender，提供可直观、可交互、可高度个性化定制的数据可视化图表。具备以下特性：①跨平台：ECharts 可以在各种现代 Web 浏览器中运行，包括 Chrome、Firefox、Safari 等。它不依赖于任何特定的前端框架，可以方便地与不同的项目进行整合。②可扩展性：提供了丰富的配置项，使得开发人员可以轻松定制图表的外观和交互行为。此外，ECharts 还支持插件扩展，可以根据需要添加自定义的图表类型和功能。③交互性：ECharts 提供了丰富的交互性功能，包括数据缩放、拖拽、图例切换等。这些功能可以帮助用户更好地探索和分析图表中的数据。④动画效果：ECharts 支持动画效果，使图表在数据更新或初始加载时呈现平滑的过渡效果。这有助于提高用户体验和数据可读性。⑤数据驱动：ECharts 采用数据驱动的设计理念，图表的展示和行为都可以通过数据的变化进行驱动。这种方式使得与后端数据的集成更为灵活。⑥图表类型丰富：ECharts 支持多种常见的图表类型，包括线图、柱状图、饼图、散点图、雷达图等，以及地图和 3D 图表。这使得开发人员可以根据不同的数据需求选择合适的图表类型。

基于 Echarts 的饼状图、柱状图、折线图、堆叠图等多维图表能够对水专项各类科技成果专题统计数据进行可视化表达[34,35]。

（3）基于 GeoServer 和 Cesium 的二维、三维一体化地图展示技术

基于 Cesium 的二维、三维一体化开源平台、结合 GeoServer 和矢量切片技术，研发二维、三维一体化地图展示功能，实现水专项科技成果数据的空间化标识和地图展示。

Cesium 二维、三维一体化开源平台可以快速搭建虚拟地球 Web 应用，提供高精度的地形和影像服务，支持矢量以及模型数据，可以支持多维场景模式（3D、2.5D 及 2D 场景），支持海量模型数据（倾斜摄影、BIM 模型、点

云等），并在性能、精度、渲染质量以及多平台、易用性上都有高质量的保证。可视化系统采用了 Cesium 三维技术，从时间和空间维度对空间数据进行动态展示和渲染，将行政区划数据、流域数据、地形数据等以服务形式在 Cesium 三维地球上进行展示；将示范工程点位、项目点位、基地点位等数据以动态渲染方式在 Cesium 三维地球上展示，同时 Cesium 结合 billboard 和倾斜摄影数据，使用 3Dtiles 加载具体工程数据，展示示范工程成果和优秀示范工程倾斜模型数据[36]。

Cesium 按照功能层级不同，由下到上主要分为核心层、渲染器层、场景层和动态场景层，如图 5.2 所示。其中核心层：提供基本的数学运算法则，如投影、坐标转换、各种优化算法等；渲染器层：对 WebGL 进行封装，包括内置 GLSL 功能、着色器表示、纹理、渲染状态等；场景层：主要体现为多种数据源服务图层的加载、实体构建、模型加载及相关视角等一系列场景的构建等；动态场景层：对 GeoJSON 等矢量数据进行解析构建动态对象，从而实现场景实时、动态渲染效果[37]。

图 5.2 Cesium 功能层级体系

GeoServer 基于 OpenGIS Web 服务器规范的 J2EE 实现，利用 GeoServer 可以方便地发布地图数据，允许用户对特征数据进行更新、删除、插入操作，通过 GeoServer 可以在用户之间迅速共享空间地理信息。GeoServer 具有良好的兼容性，兼容 WMS 和 WFS 特性；支持 PostgreSQL、Shapefile、ArcSDE、Oracle、VPF、MySQL、MapInfo；支持上百种投影；能够将网络地图输出为 jpg、gif、png、SVG、KML 等格式；能够运行在任何基于 J2EE/Servlet 的容器之上；嵌入 MapBuilder 支持 AJAX 的地图客户端 OpenLayers[38, 39]。

应用 GeoServer 技术对行政区划数据、流域数据、示范工程数据、水华数据、三维模型数据等空间数据进行统一存储管理,同时使用 GeoServer 的 Vector tiles 插件,使得 GeoServer 具备返回矢量切片的能力,利用矢量切片技术和 GeoWebCache 缓存地图瓦片技术,提高地图服务加载速度。当地图客户端请求一张新地图和 Tile 时,GeoWebCache 将拦截这些调用然后返回缓存过的 Tiles。如果找不到缓存再调用服务器上的 Tiles,从而提高地图展示的速度。矢量切片允许数据在客户端动态渲染样式,拥有更高的分辨率,而且以二进制传输,比通常瓦片更小,节省程序带宽。GeoWebCache 缓存地图瓦片技术,提高地图服务加载效率和程序响应速度[38, 39]。

GeoServer 图层服务的发布流程如图 5.3 所示。首先获取数据信息,随后基于获取的数据依次创建生成 workspace 文件夹、store 文件夹、sld 文件和样式文件、图层文件夹,最后根据生成的相应数据文件实现"新建工作区""连接数据""数据发布""数据切片"功能[40]。

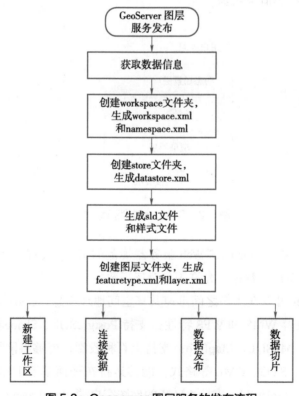

图 5.3 Geoserver 图层服务的发布流程

基于该技术，在全国、流域等尺度叠加高精度遥感影像、DEM 数据、水专项科技成果点位、示范工程倾斜摄影模型等，实现具有空间位置信息的水专项科技成果信息二维、三维一体化浏览、地图漫游等功能。

（4）基于 Flash 的动态视觉展示技术

动态视觉前端开发技术的表现形式，主要将 Flash 动画和轮播图技术应用于网页，增强网页的视觉效果，同时通过前端开发技术的优化措施提升网页的性能，提升用户体验度。

Flash 是一种基于矢量图形的动画技术，通过使用矢量图形和时间轴来创建和控制动画效果。Flash 动画具有交互性强、文件小、播放快速等特点。通过关键帧和组件技术，Flash 动画制作产品占用空间小，同时动画效果较优，可以在网页快速加载播放，并可在互联网上快速传输。因为 Flash 动画基于矢量图形创建，无论放大还是缩小都不会影响动画的质量；可以采用流式播放技术实现动画的边下边播[41, 42]。

轮播图制作原理可理解为在固定视图容器中轮流循环展示多张图片，图片切换方式及切换时间根据展示需要进行设置。一般视图容器左、右两侧会放置两个按钮，用户可以通过单击按钮来进行图片切换。轮播图是由网页 banner 进化而来，通常放在屏幕最显眼的位置，实现文字和图片的滚动播放。目前形成轮播图的方法主要包括 CSS 动画和 bootstrap 轮播图插件，具体通过控制图片区的整体位移量及定时程序来实现[43]。

可视化系统在优秀示范工程模块采用了动态视觉展示技术，采用 CSS 动画效果实现不同水质净化技术的动态轮播，实现了地图不同点位的动态切换和对应描述的动态展示，同时结合多媒体技术和 Flash 动画实现不同图片和视频动态展示和播放，增强了视觉展示效果。

5.1.3 海量数据快速显示技术

水专项成果可视化与共享平台存储海量数据，其中包含大量空间数据，在平台运行过程中需要频繁地对这些空间数据进行分析、浏览、结果展示、专题图制作等操作，为避免对空间数据实时动态调取和加载时出现卡顿、不流畅情况，搭建海量数据快速显示技术。水专项共享平台涉及的数据快速显示技术包含动态图层技术、矢量切片技术、免切片快速显示技术、CDN 技术、跨媒体／终端大数据可视化技术、快速检索与提取技术，如图 5.4 所示。其中前 4 项技术可理解为展示数据处理及加载技术，使其快速、高效地展示在平台中，第 5 项技术为展示数据可视化相关技术，第 6 项技术则与空间地理数据查询检索相关。

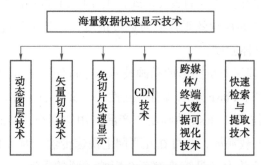

图 5.4　海量数据快速显示技术

①水专项成果可视化与共享平台采用 ArcGIS Server 地图服务的动态图层技术，直连数据库，实时获取数据，动态配置地图渲染方案，在前端进行渲染，大幅缩短了地图加载的时间，提高了海量空间数据管理和实时加载的效率，实现海量图层实时加载[44]。②采用矢量切片技术实现智能制图、实时分析。以矢量切片为基本格式，以紧凑的解析格式包含所有对应的几何图形和元数据，如道路名称、用地类型、建筑物高度，在样式、输出格式、交互性方面提供了高度的灵活性。③结合水专项数据特点及应用需求，采用免切片快速显示技术，包括水专项数据快速索引技术、动态缓存技术、图斑数据快速绘制技术、并行计算等技术，实现海量空间数据的多源、多级别、多层次、多组合的快速检索与高速显示。④采用空间信息服务加速技术，基于 CDN 技术实现对空间信息服务内容分发快速技术。⑤采用跨媒体／终端大数据可视化技术实现海量长时间序列遥感大面积数据实时、按需可视化构形和时空过程体绘制，实现海量、多源、异构水专项空间数据的可扩展存储和一体化组织。⑥采用快速检索与提取技术，具体引入分布式空间地理数据查询框架来实现。

5.2　水专项成果可视化系统总体设计与功能框架

　　水专项成果可视化系统采用虚拟化、弹性化的设计思想，在总体规划上按照云框架、相关技术标准和安全标准要求，基于独有的柔性架构、功能服务和数据服务分离、数据管理和数据应用分离的架构体系，通过云的纵生、飘移、聚合、重构的运动特性，使得中心节点和不同地方节点均能共享、调用、定制数据服务和功能服务，实现水专项数据双向同步、功能按需定制、系统统一管理和远程维护，支撑各项水专项业务的辅助办理，并且基于此架构无须快速搭建、按需定制各个系统，大幅缩短项目工期，提高工作效率，易于远程维护。基于水专项课题产出成果以及经专家总结凝练得出的标志性成果、三大技术体系、成套技术以及关键技术等优秀成果，综合应用多种方式实现关键技术内容—示范工程案例—应用效果展示—知识产权产出等成果链条的可视化和多角度联动展示；以流域水体污染治理问题为导向构建专题模块，基于流域水体治理问题—解决方案—成套技术及应用情况—治理成效与建议等处理流程进行解决方案可视化综合展示。

　　水专项成果可视化平台按照“1+7”功能模块展开，在首界面即成果总览界面展示水专项取得的科技成果，包括成套技术、关键技术、标准规范、优秀示范工程、四新产品、龙头企业等，重点展示了“十一五”“十二五”“十三五”在典型流域的示范工程部署等情况，让用户直观了解水专项发展历程及部署情况、产出成果，再分为理论创新、技术创新（囊括八大标志性成果与三大技术体系）、能力创新、管理创新、综合示范（太湖流域综合示范和京津冀地区综合示范）、产业化成果与流域治理成效 7 个模块分别进行详细展示。水专项成果可视化系统功能框架如图 5.5 所示。

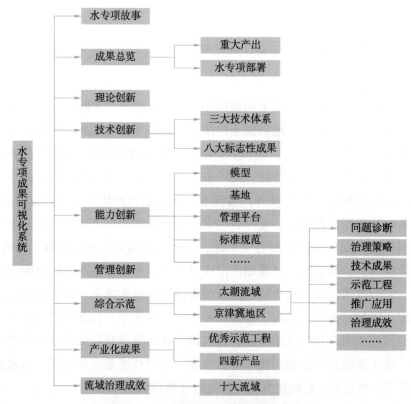

图 5.5　水专项成果可视化系统功能框架

5.3　水专项成果可视化系统功能简介

本节将对水专项成果可视化系统的主要功能逐一进行介绍。

5.3.1　成果总览模块

成果总览中展示水专项取得的科技成果，并体现了在环保效益、经济效益及社会效益等方面的重点指标；利用地图故事的方式，重点展示了该系统在典型流域的实施，体现了各级政府的高度重视以及取得的治理成果（图 5.6）。

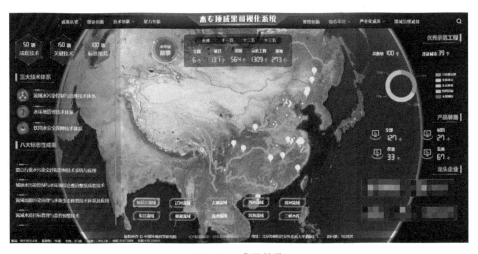

图 5.6　成果总览

从成果总览可进入水专项故事，从大事记、目标定位、战略部署、执行主体、实施成效、专项影响等方面对水专项进行介绍，如图 5.7、图 5.8所示。

图 5.7　水专项故事——大事记

图 5.8　水专项故事——专项影响

　　支持用户对技术名称进行模糊搜索，实现技术的一键搜索功能，提高用户搜索和查看速度，并提供了相关专家推荐，如图 5.9 所示。

图 5.9　技术搜索

5.3.2　理论创新模块

　　理论创新模块介绍了水体污染控制与治理科技重大专项中产出的一些理

论创新，对这些理论创新进行统一管理及展示，如图 5.10 所示。

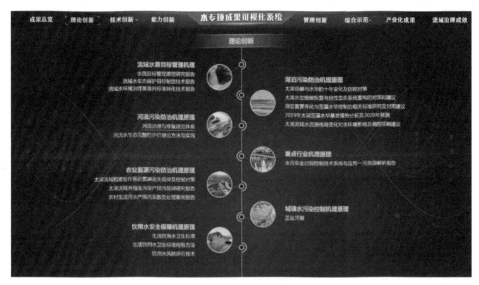

图 5.10　理论创新模块

5.3.3　技术创新模块

技术创新展示包括水专项三大技术体系、水专项八大标志成果两部分内容的成果展示，联动展示水专项三大技术体系分行业技术名片、标准规范、示范工程等成果；联动展示水专项八大标志性成果的技术创新、重大机理突破、重大应用案例等。

（1）三大技术体系

该界面从宏观角度出发，展示了三大技术体系的内容，包括流域水污染治理技术体系、水环境管理技术体系、饮用水安全保障技术体系的总体成果数量，从结构出发，展示了行业技术名片、标准规范、示范工程在技术类别、规范类型、流域、行政区等维度的结构统计，且宏观展示了示范工程的空间分布情况。界面设计如图 5.11 所示。

图 5.11　技术创新模块

以技术名片为出发点，联动显示与技术相关的示范工程名片、设备名片、课题信息、专利信息以及成套技术等。界面设计如图 5.12 所示。

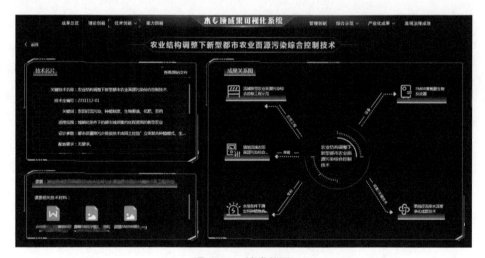

图 5.12　技术体系

通过介绍名片的信息，可以展示与技术关联的示范工程在空间上的位置、示范工程信息以及示范工程名片。界面设计如图 5.13、图 5.14 所示。

图 5.13　示范工程空间点位

图 5.14　示范工程信息

同时可以关联到设备名片。界面设计如图 5.15 所示。

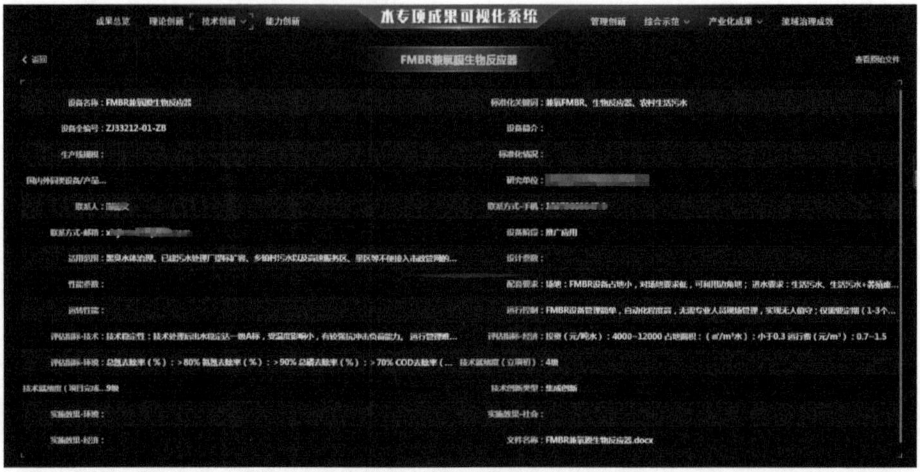

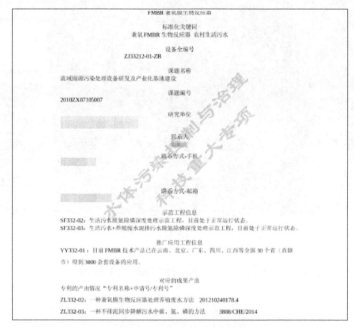

图 5.15　设备名片

可以对设备名片的原始文件进行在线浏览。界面设计如图 5.16 所示。

FMBR 兼氧膜生物反应器

标准化关键词

兼氧FMBR 生物反应器 农村生活污水

设备全编号

ZJ33212-01-ZB

课题名称

流域面源污染处理设备研发及产业化基地建设

课题编号

2010ZX07105007

研究单位

联系人

联系方式-手机

联系方式-邮箱

示范工程信息

SF332-02：生活污水脱氮除磷深度处理示范工程，目前处于正常运行状态。

SF332-03：生活污水+养殖废水混排污水脱氮除磷深度处理示范工程，目前处于正常运行状态。

推广应用工程信息

YY332-01：目前 FMBR 技术产品已在云南、北京、广东、四川、江西等全国 30 个省（直辖市）得到 3000 余套设备的应用。

对应的成果产出

专利的产出情况“专利名称+申请号/专利号”

ZL332-02：一种兼氧膜生物反应器处理养殖废水方法　201210240178.4

ZL332-03：一种不排泥同步降解污水中碳、氮、磷的方法　3888/CHE/2014

图 5.16　原始文件在线浏览

支持社会公众对感兴趣或关注的技术提出对接需求，后台支持管理人员对对接需求进行反馈及管理。界面设计如图 5.17 所示。

图 5.17　技术对接

（2）水专项八大标志性成果

水专项八大标志性成果展示：系统展示了重点行业水污染全程控制技术系统与应用、城镇水污染控制与水环境综合整治整装成套技术、流域面源污染治理与水体生态修复技术体系及应用、流域水质目标管理与监控预警技术、饮用水安全保障标志性成果、水污染治理关键技术/核心材料及成套设备国产化与产业化、京津冀区域水污染控制与治理成套技术综合调控示范、太湖流域污染控制与治理成套技术研究与综合示范共八大标志性成果。界面设计如图 5.18 所示。

图 5.18　水专项八大标志性成果展示

联动展示水专项八大标志性成果的技术创新、重大机理突破、重大应用案例等，结合 GIS 地图、统计图表、视频动画等多种表达方式对数据进行展示，实现对水专项八大标志性成果的全面展示。成果展示界面设计如图 5.19 所示。

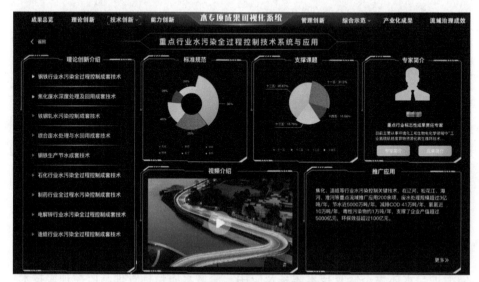

图 5.19　标志性成果详情介绍

该界面从宏观角度出发，展示八大标志性成果的技术创新、重大机理突破、重大应用案例的总量信息，从结构维度实现八大类别的成果数据宏观展示；从空间维度实现重大应用案例空间分布展示；系统支持通过点击某类标志性成果，联动展示与其相关的技术创新、重大机理突破、重大应用案例等；通过点击详情可查看具体详情信息；系统支持重大应用案例的图属联动，在地图上可查看重大应用案例的运行情况和运行成效。

5.3.4　能力创新模块

能力创新展示水专项产出的模型、标准规范、基地、管理平台、专利以及论文等科技成果。系统支持采用 GIS 地图、统计图表等多种表达方式进行展示，支持多维度、多角度的查询和筛选；支持对具体成果的详情查看。

该模块对模型、基地、管理平台、标准规范、专利、论文、院士以及杰出青年进行统计。界面设计如图 5.20 所示。

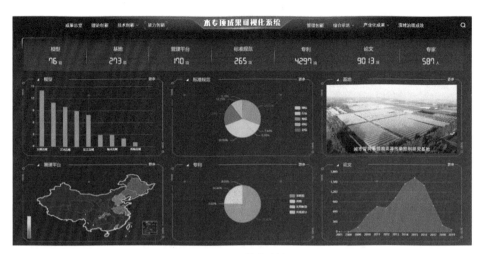

图 5.20　能力创新

（1）模型展示：以统计图的形式展示模型在典型流域和地区的分布情况，点击"更多"，可进入模型可视化系统，如图 5.21 所示。

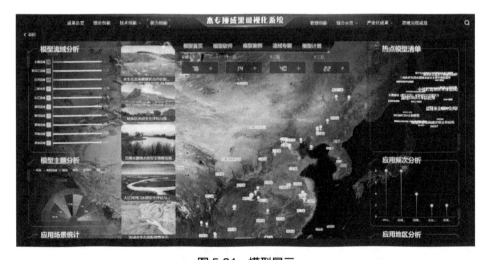

图 5.21　模型展示

（2）基地展示：支持从流域、行政区、主题等维度对基地进行统计，宏观上把握基地信息；支持基地查询，方便用户快速查找；支持基地空间分布展示；支持图属联动；支持基地详情查看。界面设计如图 5.22 所示。

图 5.22　基地展示

（3）管理平台展示：支持从所属主题、所属阶段、流域／地区等维度对管理平台进行统计，宏观上把握管理平台基本信息。支持管理平台查询，方便用户快速查找，支持对管理平台数据详情进行查看。

（4）标准规范展示：支持从主题、规范类别、颁布状态等维度对标准规范进行统计，宏观上把握标准规范信息。支持标准规范信息查询，方便用户快速查找；支持对标准规范详情进行查看。界面设计如图 5.23 所示。

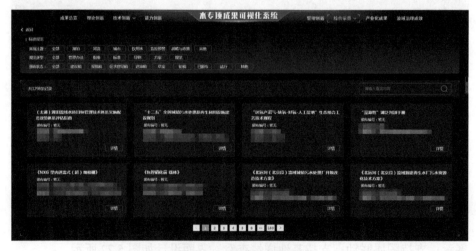

图 5.23　标准规范展示

（5）专利展示：按专利类型、专利状态、技术领域、主题等维度进行统计展示，且支持不同维度的数据筛选；支持用户输入关键词进行模糊查询，方便用户快速查找定位感兴趣的信息。界面设计如图 5.24 所示。

图 5.24　专利展示

（6）论文展示：按论文专著按类型、期刊级别、发表 / 出版年度、主题等维度进行统计展示，且支持不同维度的数据筛选；支持用户输入关键词进行模糊查询，方便用户快速查找定位感兴趣的信息。界面设计如图 5.25 所示。

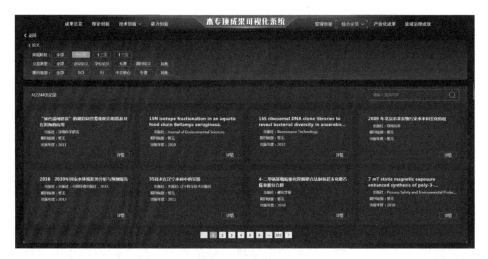

图 5.25　论文展示

（7）专家展示：支持按照专家类别、人才类型进行数据筛选，并支持用户输入关键词进行模糊查询，方便用户快速查找定位专家信息。界面设计如图 5.26 所示。

图 5.26　专家展示

5.3.5　管理创新模块

管理创新用于展示水专项项目的组织管理，以及体制机制创新点。其中组织管理架构包括基本描述、组织管理架构，并支持咨询专家组、总体专家组、标志性成果专家三类专家详情查看；体制机制创新包括基本描述以及具体的体制机制创新点。界面设计如图 5.27 所示。

5.3.6　综合示范模块

综合示范模块从太湖流域综合示范以及京津冀地区综合示范两个模块进行详细介绍。

（1）太湖流域综合示范

①立项背景。以水华事件问题介绍为突破口，对太湖流域顶层设计展示太湖流域总体设计框架，根据控源减排、减负修复、综合调控三步走战略，

图 5.27　管理创新展示

按主题—项目—课题—详细信息的管理组织方式实施，同时在课题详细信息中对专家作出系列介绍，如图 5.28～图 5.32 所示。

②问题诊断。对太湖流域中的污染问题、水环境问题、水华问题进行突出介绍。

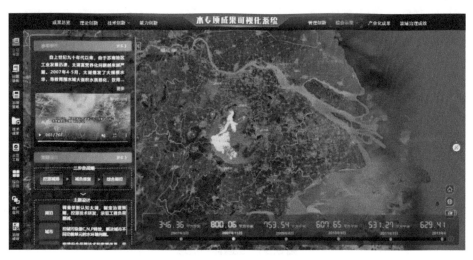

图 5.28　立项背景

图 5.29　顶层设计

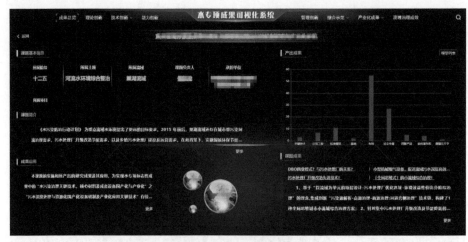

图 5.30　课题详细信息

污水处理厂升级改造先进技术!

北进水专项

更多绿水青山
点击蓝字**关注**我们

图 5.31   课题公众号报道

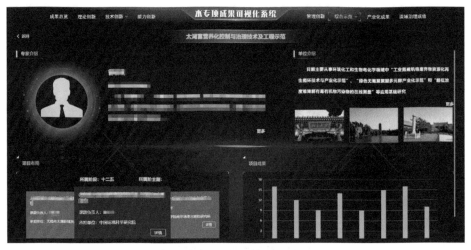

图 5.32   专家介绍

点击更多按钮可查看历年来对污染问题的多维度分析,由污染负荷到入河和入湖量变化特征的总氮(TN)、总磷(TP),用条形统计图、详细表格以及文字描述进行介绍,如图 5.33 所示。

图 5.33 问题诊断——污染源分析

水环境问题着重在于太湖流域周边，对不同地区的总磷、总氮进行统计，对入湖河流进行条形统计图分析，对湖体磷、氮浓度的历年变化图进行描述，如图 5.34 所示。

图 5.34 问题诊断——水环境问题

对于水华事件采用文字描述分析，对水华暴发机理和过程进行问题描述，并对统计图片问题进行描述，同时对历年来的水华暴发面积进行统计分析，如图 5.35 所示。

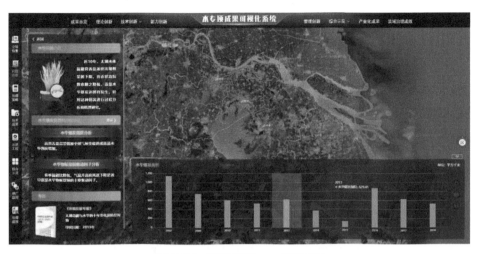

图 5.35　问题诊断——水华问题

③治理策略。治理策略包括主控因子、治理时序、总磷治理目标、治理策略应用等内容。其中主控因子分为控磷为主和协同控氮；治理时序为控源截污—生境改善—恢复生态系统；总磷治理目标中以折线图形式展示近年来治理目标；治理策略应用对治理方案进行简要描述，点击文字描述可查看详细 PDF 文件。同时在右侧可对太湖流域不同区域的渲染图进行筛选，包含水源涵养林、湖荡湿地、河流水网、湖滨缓冲带和太湖湖体，如图 5.36 所示。

图 5.36　治理策略

④技术成果。技术成果详细展示"十一五""十二五""十三五"3个期间形成的污染源成套技术、生态修复成套技术、水生态综合调控成套技术、水环境管理成套技术的四大技术体系，实现各技术体系下详细技术类别分类，如图5.37所示。点击技术集成展示成套技术或关键技术简介、解决的问题、技术原理、创新点、技术路线、支撑课题、技术成效、产出的成果、示范应用等信息。

图5.37 技术成果

⑤示范工程。展示太湖流域所有示范工程的总体情况，从示范工程清单、空间分布及统计情况3个维度对示范工程进行展示。同时支持对示范工程的模糊查询；多维度筛选、多个维度统计展示；支持查看示范工程的详情。默认显示所有太湖流域示范工程点位，点位显示与列表数据保持一致，按"十一五""十二五""十三五"进行不同图例显示。右侧是对所有示范工程按照实施阶段、主题、工程类型以及城市分布等不同维度的数据统计分析，仅作展示，无交互操作，如图5.38、图5.39所示。

⑥综合示范。支持浏览太湖流域综合示范的总体情况，并实现从综合示范区—项目—课题—示范工程的信息层级展示，如图5.40所示。

⑦治理成效。从课题设置、顶层设计、营养状态指标、总氮、总磷、示范区等方面介绍了太湖综合示范的治理成效，模块设计如图5.41所示。

（2）京津冀地区综合示范

①立项背景。从京津冀区域生态环境问题介绍立项背景；在京津冀协同发展已成为国家战略的框架下，通过顶层设计模块介绍京津冀地区三个五年计划的立项布局。

图 5.38　示范工程

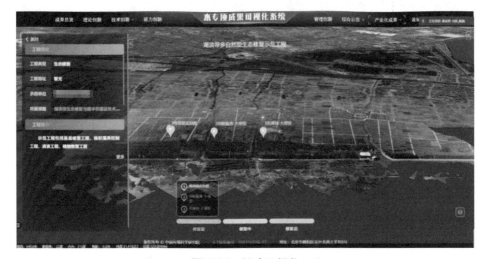

图 5.39　深度可视化

图 5.40 综合示范

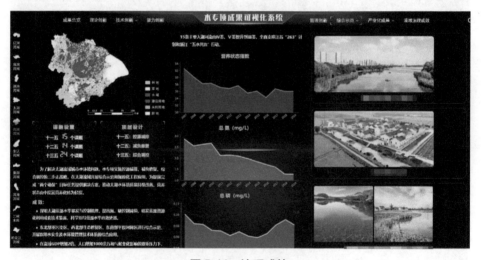

图 5.41 治理成效

该页面集成展示京津冀地区生态环境问题和京津冀地区协同发展规划纲要，可切换查看对应的空间数据情况。左侧集成了生态环境问题、京津冀协同发展规划纲要；右侧展示了京津冀空间数据，默认显示水质监测数据。

其中左侧上方显示京津冀区域生态环境问题，包括经济开发过度、环境承载能力超限、水资源严重短缺、水环境污染严重、水生态严重受损、生态环境问题六部分内容。左侧下方显示京津冀协同发展规划纲要、一核、双城、三轴、四区设计框架，右侧地图默认显示所有项目点位，如图 5.42 所示。

图 5.42　立项背景

②治理策略。页面集成展示京津冀区域的总体目标、研究布局、任务布局等内容，如图 5.43 所示。

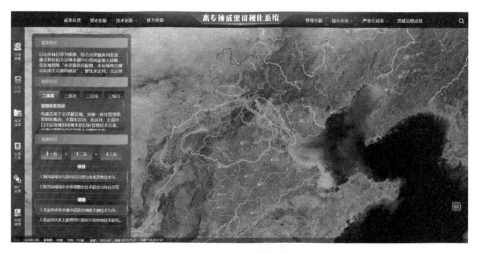

图 5.43　治理策略

总体目标：以山水林田湖草为统领，结合京津冀地区协同发展、雄安新区和北京城市副中心等国家重大战略，在区域统筹"水资源优化配置、水环境综合整治和水生态重构建设"，聚焦永定河、北运河与白洋淀—大清河流域的生态廊道建设，着力突破北京城市副中心和雄安新区（白洋淀）水质提升、

161

城市建设等重大问题。

研究布局：以二体系、三廊道、三区域和三城市为布局，二体系主要展示管理体系目标和治理体系目标；三廊道以白洋淀—大清河、北运河、永定河3条廊道为中心；三区域以东部滨海发展区、中部核心功能区、西北生态涵养区3个区域为布局。

任务布局：以"十一五""十二五""十三五"3个阶段，以项目—课题为任务布局进行地图展示，并且可以查看对应信息。

③技术成果。实现京津冀区域形成的成套/关键技术成果的展示，支持查看技术详情，并支持对京津冀区域形成的技术进行模糊查询。总体包括永定河生态廊道构建、北运河生态廊道构建、白洋淀—大清河生态廊道构建、京津冀一体化水质目标建设、构建超净排放技术体系。其中点击某个技术，可查看技术详情页，包括技术基本原理、技术创新点等基本信息；点击附件材料中的"技术介绍""技术手册"等材料，可在线浏览更多详细信息，包括与当前技术相关的成果，包括专利、规范、设备、论文、软件系统、数据库、软件著作权、模型、获奖、示范工程、应用案例及组成技术类型，如图5.44所示。

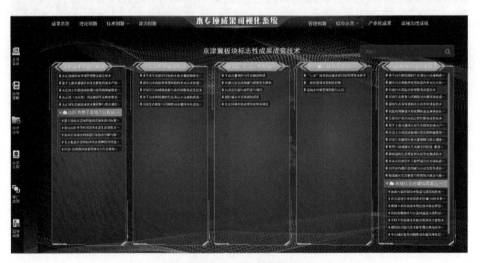

图5.44 技术成果

④示范工程。展示京津冀范围所有示范工程的总体情况，基于示范工程清单、空间分布及统计情况3个维度对示范工程进行展示；支持对示范工程的模糊查询；支持多个维度的筛选；支持多个维度的统计展示；支持对示范

工程的详情查看。系统界面默认显示所有太湖流域示范工程点位，点位显示与列表数据保持一致，按"十一五""十二五""十三五"进行显示，并显示图例。右侧是对所有示范工程按照实施阶段、主题、工程类型以及城市分布等不同维度的数据统计分析，仅作展示，无交互操作，如图 5.45 所示。

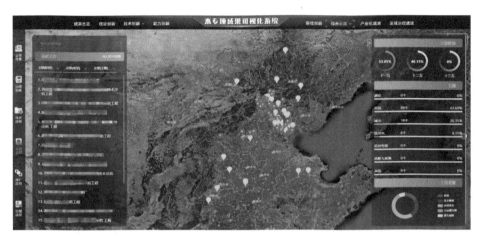

图 5.45　示范工程

⑤流域治理成效。集成展示"十一五""十二五""十三五"在海河流域和京津冀地区取得的成效。展示不同时间京津冀区域三大廊道的治理成效图片，如图 5.46 所示。

图 5.46　治理成效

⑥产业化成果模块。本次水专项成果可视化系统在产业化成果模块共展示 100 个优秀示范工程和产品装备。

⑦优秀示范工程。从"十一五""十二五""十三五" 3 个阶段的示范工程中选出 100 个优秀示范工程进行展示和介绍。界面设计如图 5.47 所示。

图 5.47　优秀示范工程

可对示范工程输入关键字进行模糊查询；支持阶段、类型、主题等多个维度的筛选；点击具体示范工程即可查看详情，如图 5.48、图 5.49 所示。

图 5.48　湖滨带多自然型生态修复示范工程可视化

图 5.49　典型污染平原河网原水水质净化处理组合工艺系列技术工程可视化

⑧产品装备。产品装备是以清单列表的形式，展示水专项产出的产品成果，支持条件筛选；支持模糊查询；支持查看产品详情。界面设计如图 5.50 所示。

图 5.50　产品装备列表

点击某一个产品装备，可以查看该产品的详细信息。

点击该页面材料简介所属课题，可查看课题详情；点击推广应用及应用案例更多按钮，可查看详细信息；点击技术负责人简介和技术企业简介可进行页面切换，如图 5.51 所示。

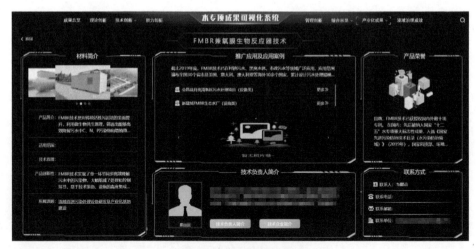

图 5.51 产品装备详情

点击所属课题，进入课题详情页面，依次可针对课题负责人、所属项目进行详情查看；在课题成果中显示课题的公众号报道情况，点击报道名称，即可打开公众号报道链接，如图 5.52 所示。

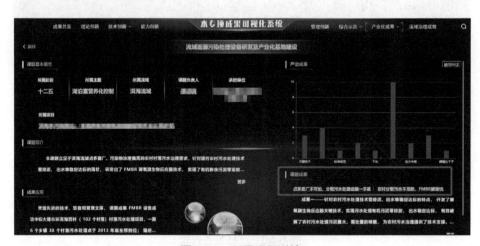

图 5.52 所属课题详情

5.3.7 流域治理成效模块

由辽河流域、淮河流域、滇池流域、太湖流域、海河流域、东江流域、

巢湖流域、洱海流域、三峡水库和松花江流域共同组成。集中展示治理期间
所创建课题、投入金额、水质类别变化趋势、技术支撑以及应急事件和治理
成果等。流域治理成效如图 5.53、图 5.54 所示。

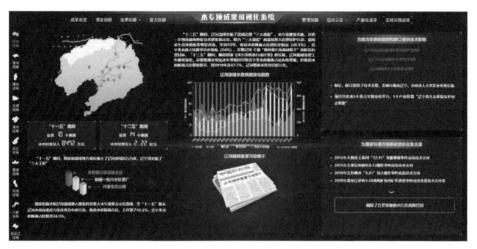

图 5.53　流域治理成效——辽河流域

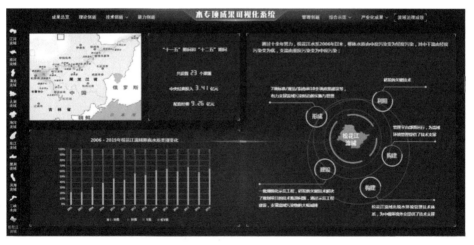

图 5.54　流域治理成效——松花江流域

第 6 章

基于云服务的水专项成果在线共享

科技成果数据共享对于科学研究和创新发展具有重要意义，通过共享可以打破科研团队之间的壁垒，促进跨学科、跨机构、跨地域的合作，加速科学研究的进程；同时，成果数据共享可以提高研究的透明度，有助于同行评议和验证研究结果，还可以提升公众参与度，加深公众对科学的认识和理解。按照水专项管理相关要求，专项产出的科研成果通过平台方式提供共享服务，面向水专项研究团队、水环境管理部门以及公众开放，并根据不同用户层级设置开放权限，相关技术成果纳入国家生态环境科技成果转化综合服务平台[①]进行展示。

6.1 关键技术

水专项成果共享服务采用弹性化、服务化的设计思想，引入以物联网、云计算、API 接口、Kafka 技术为代表的系统数据处理技术，以分布式系统、Docker 容器技术为代表的系统环境搭建支撑技术，以及以 Nignx、ElasticSearch、微服务架构为代表的支撑系统应用服务技术，在总体规划上按照云框架、相关技术标准和安全标准要求，基于独有的柔性架构、功能服务和数据服务分离、数据管理和数据应用分离的架构体系，通过云的纵生、飘移、聚合、重构等运动特性，使得中心节点和不同地方节点都能共享、调用、定制数据服务和功能服务，实现水专项数据双向同步、功能按需定制、系统统一管理和远程维护，支撑各项水专项业务的辅助办理。同时基于此架构用户可按实际需要快速搭建、定制各个系统，大幅缩短项目工期，提高工作效率，易于远程维护。水专项成果共享服务总体架构如图 6.1 所示。

6.1.1 系统数据处理技术

基于物联网、云计算、应用程序编程接口、Kafka 等技术，实现水专项共享平台数据的采集、传输、计算等数据处理，为平台的应用服务功能提供数据支持。

---

① https://www.ceett.org.cn/huanbao/v2/szx/home.html.

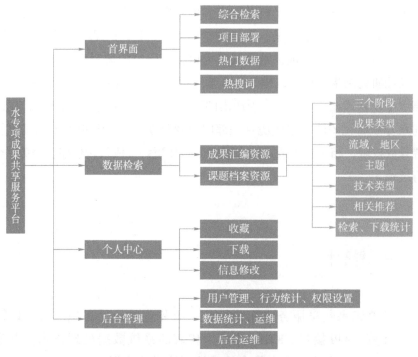

图6.1   水专项成果共享服务总体架构

（1）物联网

物联网（IoT）是指通过互联网将各种物理设备、传感器、软件和其他技术连接在一起，以实现数据交换和远程控制的网络。物联网的目标是通过使物体具备互联能力，实现设备之间的智能化交互，提高效率、降低成本，并为用户提供更智能、更便捷的服务[45,46]。

物联网的体系架构[47]主要包括三层：①感知层，作为物联网的基础，包括各种传感器和控制器，同时完成传感器和控制器的组网及信息处理，实现现实世界中各类信息的采集和处理，如温度、湿度、压力、位置等；②网络层，包括移动通信网、互联网和其他专网，实现信息传输、设备互联；③应用层，包括物联网应用支撑子层和物联网应用。物联网应用支撑子层如信息开放平台、云计算平台。物联网应用面向不同行业、不同用户，提供各种应用服务，如图6.2所示。

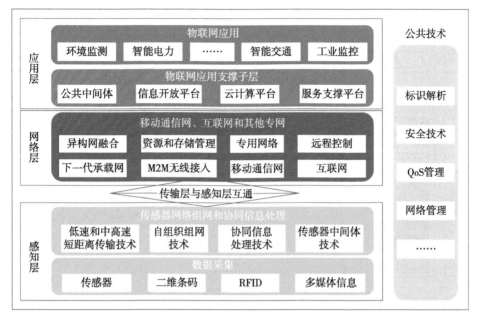

图6.2 物联网的体系架构

水专项成果在线共享平台基于物联网技术将采集的流域水质监测设备的实测环境数据进行入库处理，并共享给平台用户。

（2）云计算

云计算是一种基于网络的计算模型，通过提供可配置的资源池（如计算能力、存储、数据库、网络等）来交付服务。这些资源可以按需提供，用户可通过网络方式进行访问[48]。云计算因其服务资源池化特性，具备高扩展性，用户可根据实际需要，快速弹性地请求和购买服务资源，扩展处理能力。同时允许用户使用宽带网络进行调用，并具备可度量、可靠性。云计算是水专项成果在线共享的基础。通过云计算，平台能够快速返回用户的相关请求计算，如查询、筛选、排序、下载、导出等，支撑用户高效访问、使用平台的水专项成果信息。

水专项科技成果共享架构包括物理资源层、虚拟组件层、云服务层[49]，如图6.3所示。物理资源层包括基础硬件设施及计算、存储、网络资源；虚拟组件层包括各类虚拟化管理组件，虚拟机管理器、虚拟机及容器等组件；云服务层由具体的云服务器构成，包括资源管理、安全管理等云服务。

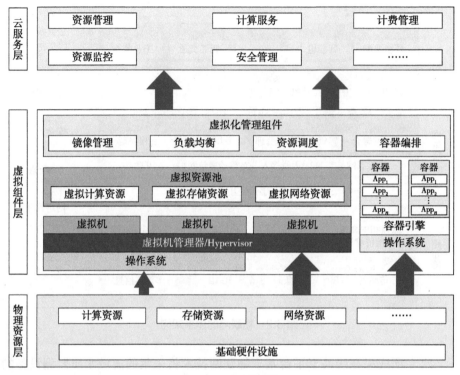

图6.3 云计算架构

（3）应用程序编程接口

应用程序编程接口（API）是一组定义，允许软件应用程序之间相互通信和交互。API定义了应用程序之间的协议和规则，通过这些规则，可以简化一个应用程序请求另一个应用程序的服务或功能，而无须详细了解另一应用程序的工作机制，从而实现数据的交换和共享[50]。

API通常由API接口、API参数、API返回值、API文档四部分组成。① API接口是应用程序访问软件或者服务的方式，一般通过URL地址加上特定的请求方法（GET、POST、PUT、DELETE等）进行调用。② API参数是API接口的重要组成部分，用于传递必要的数据和参数，如请求中的数据、查询字符串中的参数等。③ API返回值是调用API后得到的结果，通常以JSON或者XML格式呈现。每个API都有特定的返回值格式和含义。④ API文档则提供API的详细说明，如对接口描述、参数说明以及返回值进行解释等，帮助用户正常使用API。

API 允许不同的软件应用程序之间进行通信和数据交换。水专项成果共享平台通过使用 API 来连接不同的服务和应用程序，包括使用其他平台及应用的服务，以及对外提供平台自身的应用服务，实现数据的共享。

（4）Kafka 技术

Kafka 是一个分布式流处理平台，主要用作高吞吐量的分布式消息系统。具备以下关键特性：①高吞吐量：具备处理数百万条消息传输能力，非常适合处理大规模实时数据流。②持久性存储：可将消息持久地存储在磁盘上，确保即使用户离线，消息也不会丢失。这种持久性存储使得 Kafka 非常适合处理大规模数据流。③安全性：支持对消息的身份验证和加密，以确保数据在传输和存储过程中的安全性。④实时处理：与流处理框架（如 Apache Flink、Apache Storm 等）集成，支持实时数据处理和分析。⑤分布式架构：Kafka 是一个分布式系统，可以在多个服务器节点上运行。这种分布式架构使得 Kafka 具有高可用性和可伸缩性[51-53]。

Kafka 作为一个强大的分布式消息系统，被广泛用于水专项成果共享平台构建实时数据管道、日志收集、事件驱动架构等场景，为平台大规模数据处理和实时数据流应用提供了可靠的基础设施。

6.1.2 系统环境搭建支撑技术

基于分布式系统、Docker 容器技术等，搭建水专项平台系统环境，为水专项平台应用服务提供运行环境基础，保证应用服务的高效稳定运行。

（1）分布式系统

分布式系统是由多个独立计算机或节点组成的系统，这些节点通过网络进行通信和协作，共同完成系统的任务和功能。通过将任务分配到多个节点上，提高系统的可用性、可伸缩性和容错性[54]。

分布式系统一般具备以下 4 个特征：分布性、自治性、并行性、全局性。①分布性：分布式系统由多台计算机组成，可以分布在任意空间范围内。同时，系统功能如数据处理等，可在各个计算机上进行分散实现。②自治性：分布式系统中的各个节点都包含各自的处理器和内存，具备独立处理数据功能，同时可以通过通信协作，协调任务处理。③并行性：可将一个大任务划分为若干个子任务，并且在不同的主机上同时执行。④全局性：存在单一、可全局使用的进程通信机制，同时所有机器拥有统一的系统调用集合。

分布式系统可以避免单一节点故障导致任务中断，保障水专项科技成果信息系统平台运行的稳定性。

（2）Docker 容器技术

Docker 容器技术详细介绍见 2.5.2 节。

得益于 Docker 容器技术的移植性和兼容性，允许多种应用服务运行环境共存于水专项成果共享平台，有效避免各类应用服务之间的环境冲突，从而高效实现平台各类共享应用服务。

6.1.3　支撑系统应用服务技术

基于 Nignx、ElasticSearch、微服务架构等技术，实现系统的对外应用服务，在保证系统安全性的同时具有高可靠性。

（1）Nignx

Nginx 是一个高性能的开源 Web 服务器，也可以用作反向代理服务器、负载均衡器和 http 缓存。其凭借轻量级、高性能和高并发性、高扩展性、反向代理特性，广泛应用于互联网领域，为构建稳定、高效的 Web 应用提供了强大的支持[55, 56]。

使用 Nginx 反向代理可以确保 Web 服务器安全，隐藏服务器信息。在部署环节，Web 服务器可直接在内网进行部署，只需将 Nginx 代理服务器部署在外网，用户便可通过外网及 Nginx 访问水专项成果共享平台的 Web 应用，如图 6.4 所示。

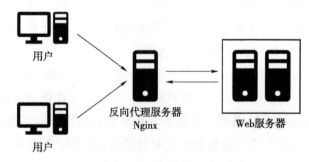

图 6.4　Nginx 反向代理拓扑图

Nginx 为水专项成果平台提供稳定、高效的共享应用，同时为用户提供 http 访问方式。

（2）ElasticSearch 技术

ElasticSearch 是一个开源的搜索引擎，建立在 Apache Lucene 基础之上，提供了一个分布式、多租户、全文搜索和分析引擎。它被设计用于处理大规模数据集，支持实时搜索和分析，适用于各种应用场景，包括日志分析、全文搜索、业务智能等[57, 58]。

ElasticSearch 具有显著的分布式架构、实时搜索、全文搜索、高扩展等特点：①分布式架构。ElasticSearch 是一个分布式的搜索引擎，可以横向扩展以处理大规模的数据集。数据被分片并分布在不同的节点上，这使得它可以处理大量的请求和数据。②实时搜索。ElasticSearch 提供了实时搜索功能，意味着一旦文档被索引，就可以立即被搜索到。这对于需要即时更新的应用场景非常有用，如日志数据的实时分析。③全文搜索。ElasticSearch 提供了全文搜索的功能，可以对文本数据进行高效地搜索和分析。它支持复杂的查询、模糊搜索、短语匹配等功能。④多租户。支持多租户架构，允许在同一个集群中索引和搜索来自不同应用或用户的数据，而彼此之间相互隔离。⑤聚合和分析。ElasticSearch 支持聚合（Aggregations）和分析（Analytics），允许开发者从大规模数据中提取有意义的信息。

ElasticSearch 在大数据、搜索和分析领域有广泛的应用，特别在处理大规模文本数据、日志分析、企业搜索等方面。基于 ElasticSearch 技术，水专项成果共享平台具备海量数据实时搜索、分析、处理能力，能够为用户提供实时、准确的信息。

（3）微服务架构

微服务架构技术详细介绍见 2.5.1 节。

水专项成果共享平台通过独立部署大量微服务应用，各个微服务之间是松耦合的，保证每个微服务仅关注于完成一项任务并确保很好地完成，从而实现平台共享服务的稳定和高效，使其不因单一服务故障导致整体平台无法使用。

6.2　水专项成果共享服务平台功能模块

水专项成果共享服务平台实现汇编成果数据共享，包括数据检索、统计分析、个人中心、在线帮助、运维管理等模块。

6.2.1　数据检索

成果汇编数据检索支持用户通过资源目录，实现数据按课题五千字、关键技术、先进技术、示范工程、标准规范、野外工作站、管理平台、专利、论文专著、技术联盟、四新产品、软件著作权、政策建议等分级的分类检索，支持快速定位成果汇编数据。此外，能够实现通过所属主题、所属阶段、流域/地区等条件进行筛选，支持用户对成果汇编数据的查询、查看、浏览、收藏、下载等操作，如图6.5所示。

图6.5　数据检索成果汇编数据检索

课题档案数据检索支持用户通过资源目录，实现数据按"十一五""十二五""十三五"3个阶段的分级分类检索，并可进一步按照湖泊、监控预警、战略与政策、河流、饮用水、城市污水等专题进行分类查看。支持快速定位课题汇编数据，支持用户对课题汇编数据的查询、查看、浏览、收藏、下载等操作，如图 6.6～图 6.9 所示。

图 6.6　课题档案汇编数据检索

图 6.7　成果汇编数据详情浏览

图 6.8　成果数据收藏

图 6.9　成果数据文件下载

6.2.2　统计分析

实现数据统计页面功能，首行为数据项、注册用户数、平台访问次数、数据访问次数、数据下载次数、数据收藏次数的累计统计值。

第二行以扇形统计图统计汇编资源访问、课题档案资源按主题统计、课题档案资源访问情况统计；成果汇编资源统计以条形统计图展示不同阶段的课题成果文件。成果汇编资源访问情况统计以收藏次数、下载次数、访问次数倾倒式条形统计图统计展示；访问分布，展示当前系统全国各地登录的次数。应用需求，汇总了解注册用户所在行业的信息，如图6.10所示。

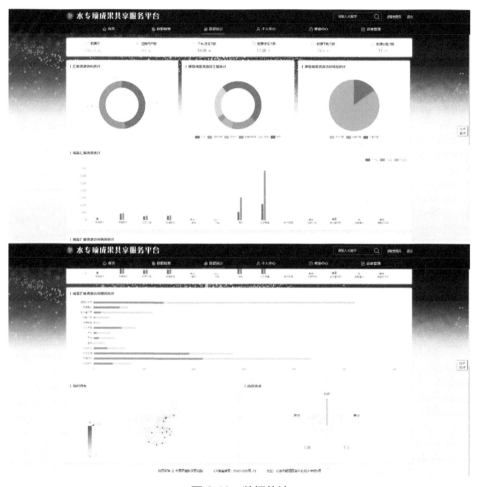

图 6.10　数据统计

6.2.3　个人中心

个人中心包括基本信息、我的收藏、我的下载等内容，实现了用户对收藏和下载数据的管理，支持用户对收藏和下载数据进行查看、下载等操作，并提供修改密码等功能。【基本信息】界面如图 6.11 所示。

图 6.11　个人中心——基本信息

在我的收藏中，支持用户对收藏数据的详情查看、下载及删除，并支持批量删除和批量下载。【我的收藏】界面如图 6.12 所示。

图 6.12　个人中心——我的收藏

在我的下载中，支持用户对下载数据的详情查看、下载及删除，并支持批量删除和重新下载。【我的下载】界面如图 6.13 所示。

图 6.13　个人中心——我的下载

6.2.4 在线帮助

在线帮助支持指导用户快速了解平台，包括系统介绍、关于我们和在线帮助，能够为用户全面、快速了解和掌握系统提供支持，如图 6.14 所示。

图 6.14 在线帮助

6.2.5 运维管理

运维管理支持用户对成果使用情况进行管理，包括记录管理、角色授权、系统管理以及用户访问情况。

①用户管理支持在不同用户权限下对用户进行管理，如图 6.15 所示。

图 6.15　用户管理

②角色授权是指将用户的权限授予特定的角色，支持为不同的角色分配不同的权限，如图 6.16、图 6.17 所示。

图 6.16　角色管理

图 6.17　角色授权

③系统管理是指管理企业的信息技术系统，包括系统模块管理和字典管理，如图 6.18、图 6.19 所示。

图 6.18　系统模块管理

图 6.19　字典管理

④用户访问情况包括浏览管理、收藏管理和下载管理，支持全面的用户分析、访问者 IP 地址、访问时间、地理位置区域分析，如图 6.20～图 6.22 所示。

图 6.20　浏览管理

图 6.21　收藏管理

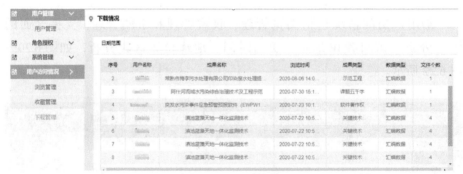

图 6.22　下载管理

6.3　水专项成果共享平台科技传播效果

　　水专项成果共享平台汇集水专项科技成果数据 24 605 项，提供水专项成果数据的浏览、查询、下载服务，为专家组开展水专项成果集成工作提供支撑。成果库中共包含数据 2.4 万余条，其中 2 万多条对外开放共享。共享平台通过知识图谱技术、可视化展示技术，促进水污染工程领域科研人员、工程师了解学习先进科研技术和创新成果，从而促进创新生态系统形成，推动水污染工程领域科技发展。

第 7 章

总结与展望

7.1　水专项成果综合管理及共享服务平台应用效果

"水专项成果综合管理及共享服务平台"是"十三五"水专项大集成独立课题"国家水体污染控制与治理技术体系与发展战略"的一项任务，与课题集成产出的各类成果紧密衔接，通过该平台实现水专项 3 个阶段科技成果的采集加工、汇集管理、多维可视化展示及共享应用。

（1）系统集成了水专项 3 个阶段成果，构建了水专项科技成果数据库和水专项成果综合管理及共享服务平台。该平台集成了水专项综合管理系统、水专项成果共享服务系统、水专项成果可视化系统等多个子系统，包含水专项成果的数据采集、加工处理、分级共享、多维可视化等功能，系统、全面汇集了水专项 3 个阶段成果，实现水专项科技成果的归档、综合管理和共享服务，为水专项成果的宣传推广等应用提供支撑。

（2）为"十三五"水专项课题过程在线管理及科技成果数据采集提供了支持。水专项综合管理系统为 59 个项目（独立课题）单位、235 个用户提供了水专项成果的在线采集、项目实时管理、统计分析等服务。该系统完全满足"十三五"项目（独立课题）的立项、实施过程及验收等数据信息的采集和审核需求，提高了数据采集效率，解决了水专项成果数据收集不全、信息传递滞后、统计工作繁杂等问题；水专项示范工程 App 为部分示范工程提供了现场填报、过程管理功能。

（3）为水专项总体组专家提供水专项成果数据共享服务。水专项成果共享平台目前已汇集"十一五""十二五"水专项科技成果数据 24 605 项，上线以来主要面向水专项总体组专家和标志性成果专家，提供水专项成果数据的浏览、查询、下载，为专家组开展水专项成果集成工作提供支撑。

（4）为水专项科技成果提供可视化展示平台。成果可视化系统紧密衔接课题梳理筛选的集成成果，通过多维度技术手段叙述水专项故事，展示水专项技术创新、能力创新、综合示范成效、产业化等成果，形成水专项成果集成、共享和应用推广的大数据平台，促进水专项成果在水环境管理部门、科研单位、环保企业和社会公众中得到更广泛的应用。

7.2　科技成果可视化与共享技术的应用前景

　　随着科研项目的日益增加，大型科研项目的科技成果也日益丰富，多维动态空间化展示和分级分类共享技术，能够为科研成果的推广应用奠定基础。在实践水专项科技成果可视化展示与共享的基础上，可向重点研发项目、大型攻关项目等领域扩展和应用，构建一系列科技成果可视化与共享平台，探索多个科研项目科技成果的综合管理、展示和共享，并形成一套科技成果可视化与共享的技术规范，推动我国科研项目成果推广应用。

　　推动同领域科研人员、工程师学习交流先进科研技术和创新成果，促进领域内创新生态系统形成，推动科技发展。同时为不同领域科研人员、工程师提供合作机会，推动跨学科研究，有助于解决复杂问题和推动创新。

参考文献

［1］武艺.我国大型科研项目的知识管理方法探讨[J].经济师，2017（7）：199，201. DOI: CNKI: SUN: JJSS.0.2017-07-093.

［2］国家自然科学基金委员会.国家自然科学基金委员会2022年度信息公开工作年度报告[R/OL].北京：国家自然科学基金委员会，（2023-01-19）[2024-07-08]. https://www.nsfc.gov.cn/publish/portal0/zfxxgk/03/info88459.htm.

［3］Mali N, Bojewar S. A survey of ETL tools[J]. International Journal of Computer Techniques, 2015, 2(5): 20-27.

［4］徐俊刚，裴莹.数据ETL研究综述[J].计算机科学，2011，38（4）：15-20.

［5］周波，钱鹏.我国科学数据元数据研究综述[J].图书馆学研究，2013（2）：7-10.

［6］王红滨，刘大昕.元数据提取综述[C]// 黑龙江省计算机学会2009年学术交流年会论文集.[2024-07-08]. DOI: ConferenceArticle/5a9fd26ac095d722205a5129.

［7］赵庆峰，鞠英杰.国内元数据研究综述[J].现代情报，2003，23（11）：42-45.

［8］赵青青.基于实体-关系模型的标准元数据关系研究[J].标准科学，2023（3）：16-20，66.

［9］Chen H, Zhang H. Exploiting FastDFS client-based small file merging[C]// 2016 International Conference on Artificial Intelligence and Engineering Applications. Atlantis Press, 2016: 213-217.

［10］刘晓宇，夏立斌，姜晓巍，等.HDFS分级存储系统元数据管理方法的研究[J]. Journal of Computer Engineering & Applications, 2023, 59（17）：257-265.

［11］张蒙蒙，曹成茂.大数据时代Redis缓存的性能分析与优化[J].巢湖学

院学报，2022，24（3）：80-87，96.

[12] 邱书洋. Redis 缓存技术研究及应用 [D]. 郑州：郑州大学，2016.

[13] 陈志泊，王春玲，许福，等. 数据库原理及应用教程 [M]. BEIJING BOOK CO. INC.，2014.

[14] Mars 的笔记. 数据质量监控 [EB/OL].（2018-04-17）[2024-07-08]. https://marsishandsome.github.io/2018/04/DataQuality.

[15] 张西硕，柳林，王海龙，等. 知识图谱中实体关系抽取方法研究 [J]. Journal of Frontiers of Computer Science & Technology，2024，18（3）：574-596.

[16] 王鑫，邹磊，王朝坤，等. 知识图谱数据管理研究综述 [J]. 软件学报，2019，30（7）：2139-2174.

[17] 黄恒琪，于娟，廖晓，等. 知识图谱研究综述 [J]. 计算机系统应用，2019，28（6）：1-12.

[18] 语义网. 百度百科. [2024-02-19]. https://baike.baidu.hk/item/%E8%AF%AD%E4%B9%89%E7%BD%91/118508.

[19] 知识图谱构建技术一览 2. 知乎专栏. [2024-02-19]. https://zhuanlan.zhihu.com/p/552145397.

[20] Han J, Haihong E, Le G, et al. Survey on NoSQL database[J]. 2011 6th international conference on pervasive computing and applications. IEEE, 2011: 363-366.

[21] 陈莉莹，双锴. NoSQL 数据库综述 [D]. 北京：北京邮电大学网络技术研究院，2012.

[22] Angles R. The Property Graph Database Model[J]. AMW, 2018.

[23] 梁静茹，鄂海红，宋美娜. 基于属性图模型的领域知识图谱构建方法 [J]. 计算机科学，2022，49（2）：174-181.

[24] 张华强. 关系型数据库与 NoSQL 数据库 [J]. 电脑知识与技术，2011，7（20）：4802-4804.

[25] 深入 Activiti 流程引擎 核心原理与高阶实战 网络技术，2023.

[26] 吴文静. 基于地球引擎 Cesium 的三维 WebGIS 系统设计与实现 [J]. 科技创新导报，2022，19（24）：81-84.

[27] 林国亮，吕郑旭，熊紫梁，等. 浅析矢量切片技术在新 PGIS 平台的应

用和工程实践 [J]. 广东公安科技，2021，29（4）：4.

［28］郑文浩，冯杭建，游省易. 基于 Cesium 地图引擎的三维地貌景观科普展示平台研发——以神仙居国家地质公园为例 [J]. 科技通报，2021（7）.

［29］Learning P H P. MySQL & JavaScript: With JQuery[J]. CSS & HTML5 (Learning Php, Mysql, Javascript, CSS & HTML 5), 2009.

［30］陶国荣. jQuery 权威指南 [M]. 北京：机械工业出版社，2011.

［31］layui. [2023-11-16]. https: //github.com/layui/.

［32］Layui 2.8.0 正式发布，朴实归来 – OSCHINA – 中文开源技术交流社区. [2023-11-16]. https: //www.oschina.net/news/238201/layui-2-8-0-released.

［33］杨鹏，邹时林. 基于 OpenLayers 的 WebGIS 客户端的研发 [J]. 测绘与空间地理信息，2012，35（3）：131-133.

［34］Li D, Mei H, Shen Y, et al. ECharts: A declarative framework for rapid construction of web-based visualization[J]. Visual Informatics, 2018, 2(2): 136-146.

［35］王子毅，张春海. 基于 ECharts 的数据可视化分析组件设计实现 [J]. 微型机与应用，2016，35（14）：46-48.

［36］Kang X, Li J, Fan X. Spatial-temporal visualization and analysis of earth data under Cesium Digital Earth Engine[C]//Proceedings of the 2018 2nd International Conference on Big Data and Internet of Things. 2018: 29-32.

［37］赵慧峰. 基于 Cesium 的三维展示与查询平台开发 [D]. 徐州：中国矿业大学，2019.

［38］Iacovella S. GeoServer Beginner's Guide: Share Geospatial Data Using Open Source Standards[M]. Packt Publishing Ltd, 2017.

［39］Youngblood B. GeoServer Beginner's Guide[M]. Packt Publishing Ltd: 2013.

［40］杨明奇，周程，付立军，等. 融合 Cesium 和 Geoserver 的地质数据形变监测可视化方法 [J]. 计算机系统应用，2021，30（11）：179-187.

［41］Lamb A, Johnson L. Flash: engaging learners through animation, interaction, and multimedia[J]. 2006.

［42］埃里克·葛雷布勒. Flash 动画入门 [M]. 孙哲，译. 北京：中国科学技术出版社，2009.

［43］余军. 运用 jQuery 制作网页轮播图特效 [J]. 电脑编程技巧与维护，2023（11）：148-150.

［44］刘光. ArcGIS API for JavaScript 开发 [M]. 北京：清华大学出版社，2022.

［45］U Farooq M, Waseem M, Mazhar S, et al. A review on Internet of Things (IoT)[J]. International Journal of Computer Applications, 2015, 113(1): 1-7.

［46］张毅，唐红. 物联网综述 [J]. 数字通信，2010，37（4）：24-27.

［47］物联网技术在智慧城市及智慧小区的应用与研究 [EB/OL]. [2023-11-07]. 中国期刊网. http://www.chinaqking.com/yc/2021/2975233.html.

［48］李乔，郑啸. 云计算研究现状综述 [J]. 计算机科学，2011，38（4）：32-37.

［49］鲁金钿，肖睿智，金舒原. 云数据安全研究进展 [J]. 电子与信息学报，2021，43（4）：881-891.

［50］Biehl M. API architecture[M]. API-University Press, 2015.

［51］Garg N. Apache kafka[M]. Birmingham, UK: Packt Publishing, 2013.

［52］Narkhede N, Shapira G, Palino T. Kafka: the definitive guide: real-time data and stream processing at scale[M]. O'Reilly Media Inc., 2017.

［53］Shapira, Gwen 沙皮拉 Shapira, Gwen. Kafka 权威指南 [M]. 人民邮电出版社，2022.

［54］Coulouris G, Dollimore J, Kindberg T, et al. 分布式系统概念与设计 [J]. 计算机教育，2013，12：30-35.

［55］Reese W. Nginx: the high-performance web server and reverse proxy[J]. Linux Journal, 2008, (173): 2.

［56］王永辉. 基于 Nginx 高性能 Web 服务器性能优化与负载均衡的改进与实现 [D]. 成都：电子科技大学，2015.

［57］B. V. Elasticsearch. Elasticsearch[J]. Softw. Version, 2018, 6(1).

［58］Gormley C, Tong Z. Elasticsearch: the definitive guide: A distributed real-time search and analytics engine[M]. O'Reilly Media Inc., 2015.